于向昀 红将 编著

航天传奇

THE LEGEND OF SPACEFLIGHT

山西出版传媒集团
山西教育出版社

图书在版编目（CIP）数据

航天传奇 / 于向昀，红将编著. — 太原 ：山西教育出版社，2024. 4

ISBN 978-7-5703-3773-6

Ⅰ. ①航… Ⅱ. ①于… ②红… Ⅲ. ①航天-世界--普及读物 Ⅳ. ①V4-49

中国国家版本馆 CIP 数据核字（2024）第 058453 号

航天传奇

HANGTIAN CHUANQI

责任编辑 裴 斐
复　　审 姚吉祥
终　　审 李梦燕
装帧设计 宋 蓓
印装监制 蔡 洁

出版发行 山西出版传媒集团 · 山西教育出版社
（太原市水西门街馒头巷 7 号 电话：0351-4729801 邮编：030002）
印　　装 山西万佳印业有限公司
开　　本 890 mm×1 240 mm 1/32
印　　张 6. 375
字　　数 183 千字
版　　次 2024 年 4 月第 1 版 2024 年 4 月山西第 1 次印刷
印　　数 1—3 000 册
书　　号 ISBN 978-7-5703-3773-6
定　　价 28. 00 元

目录

筑梦星空

数百万年前的某个晴朗的夜晚，人类的某位祖先第一次抬起头，开始仔细观察那些在漆黑的天空中不停闪烁的群星，他被这雄伟、深邃的瑰丽景色所吸引。从这个瞬间开始，人类就与这片星空、这个宇宙结下了不解之缘，世世代代都在渴望着未来的某一天能够抵达星空的所在之处，去探寻隐藏其中的宇宙终极奥秘。

不过，现实是残酷的，诞生在地球的人类受到大地母亲呵护的同时，也被禁锢在这片生养他们的土地上。在很长一段时间里，重力如同一道无形却坚不可摧的枷锁，将人类牢牢地束缚在地面上。人们只能羡慕地看着天空中自由翱翔的飞鸟，希望自己能够生出和它们一样的翅膀。

虽然没有翅膀用来飞翔，不过那时候的人们并没有绝望，他们用想象代替翅膀，让自己在星空中徜徉，许多想象变成了故事流传至今，让今天的我们能够知道先祖们对星空的渴望。

01　天外飞仙

◇ ………………

中国古代有许多先贤都相信“天人感应”，认为天空中日月星辰的运转明晦和地上发生的事件对应，所以古人从很早就开始关注天空中的日月星辰，对日月和群星的观察可以追溯到数千年之前。考古学家在河南濮阳西水坡发现了一座距今6000多年的新石器时代的墓葬，其中就有用贝壳等材料拼砌而成的青龙、白虎和北斗图形，可见当时人们已经开始观察这片星空了。

为了能够更方便、准确地记录星辰的运动轨迹和明暗变化，古代中国人将星空划分为东、西、南、北四个方位，并以青龙、白虎、朱雀、玄武的动物形象与其相配，称为“四象”。

“四象”的概念出现得非常早，根据考古研究，战国时期就已经有与其相关的文字记录。《礼记·曲礼上》有记载：“行前朱鸟而后玄武，左青龙而右白虎。”其中的“朱鸟”“玄武”“青龙”“白虎”就是“四象”早期的称呼。

青龙星图

白虎星图

为了观察起来更方便，古人又将“四象”中东、西、南、北四个方位的星空各选出七个“星官”，这些星官合称为“二十八宿”，也叫作“二十八舍”或“二十八星”。每一个星宿都由不同数目的恒星组成，有的星宿包含十几颗至几十颗星，如奎宿和翼宿，有的宿只由两三颗星组成，如角宿、心宿。

成书于汉代的《尚书纬·考灵曜》中有这样的记载：“二十八宿，天元气万物之精也。故东方角、亢、氐、房、心、尾、箕七宿，其形如龙，曰左青龙。南方井、鬼、柳、星、张、翼、轸七宿，其形如鹑鸟，曰前朱雀。西方奎、娄、胃、昴、毕、觜、参七宿，其形如虎，曰右白虎。北方斗、牛、女、虚、危、室、壁七宿，其形如龟蛇，曰后玄武。”

在道教的发展过程中，吸收了四象、二十八宿的概念，并将其拟人化，将这些星宿列为天帝的官员，负责管理浩渺星空中的群星，所以出现了“星官”这一称呼。这些官员最初都是生活于华夏大地的真实存在的历史人物，为了纪念他们，后代用他们的名字为星宿命名。经过一番漫长的拟人化改造，和金、木、水、火、土五行以及日、月、阴、阳结合，并与某种动物形象进行融合，天上的群星不仅被赋予了名字和相貌，还有了自己的职责和权力，成为被人们顶礼膜拜的神仙。

青龙七宿包括“角木蛟、亢金龙、氐土貉、房日兔、心月狐、尾火虎、箕水豹”，朱雀七宿包括“井木犴、鬼金羊、柳土獐、星日马、张月鹿、翼火蛇、轸水蚓”，白虎七宿包括“奎木狼、娄金狗、胃土雉、昴日鸡、毕月乌、觜火猴、参水猿”，玄武七宿包括“斗木獬、牛金牛、女土蝠、虚日鼠、危月燕、室火猪、壁水貐”。

北宋成书的道家典籍《云笈七签》卷二十四《二十八宿》中有这样的记载：“甲从官阳神也，角星神主之，阳神九人，姓宾名远生，衣绿玄单衣，角星宿主之。乙从官阴神也，亢星神主之，阴神四人，姓扶名司马，马头赤身，衣赤缇单衣，带剑，亢星神主之。”同时期的《太上洞神五星诸宿日月混常经》中也对二十八宿的外貌、行为进行了记载，比如“角星之精，常以立春后寅卯日游于寺观中，形少髭鬓，参问禅礼，或游于酒肆自饮，识者求之，多示人养生播种之术”“亢、氐、房三星之精，常以寅卯日同行，衣青苍衣，游于人众中或大斋会处，即是求之，多与人救世之术”等。

在这二十八宿的星官中，我们最熟悉的大概是“昴日星官”，这位星官曾经在《西游记》中出场，帮助唐僧师徒降服了蝎子精。昴日星官首次出场的时候是被兵士簇拥的官员形象，《西游记》中这样写他的外貌：“冠簪五岳金光彩，笏执山河玉色琼。袍挂七星云叆叇，腰围八极宝环明。”在与蝎子精的战斗中，昴日星官现出“本相”，变成了一只双冠子大公鸡，“花冠绣颈若团缨，爪硬距长目怒睛。踊跃雄威全五德，峥嵘壮势羡三鸣。”这种变化生动地表现了人们为星宿赋予的幻想形象。

除了天上的星宿，古代的中国人对于这片浩渺的星空还有更多浪漫的想象。

古代人认为天上有一座名为“天宫”的巨大宫殿，是天帝居住的地方，如同人间帝王居住的皇城，四方神明来到天宫觐见天帝，就像是人间的大臣朝拜他们的帝王一样。在《西游记》《封神演义》《聊斋志异》中都有对天宫胜境的描写，人们想象中的天宫既奢华瑰丽又庄重肃穆，“金光万道滚红霓，瑞气千条喷紫雾。只见那南天门，碧沉沉，琉璃造就；明幌幌，宝玉妆成。两边摆数十员镇天元帅，一员员顶梁靠柱，持铣拥旄，四下列十数个金甲神人，一个个执戟悬鞭，持刀仗剑。外厢犹可，入内惊人。里壁厢有几根大柱，柱上缠绕着金鳞耀日赤须龙；又有几座长桥，桥上盘旋着彩羽凌空丹顶凤。”

人们想象中的天宫，都是由恒星组成的。这些恒星居于北方中央的位置，统称“三垣”，为天帝居住的紫微垣、天帝办公的太微垣和天国居民买卖东西的天市垣。三垣和二十八宿共同组成了古代中国人眼中的天国。

除了天宫，传说中月亮上还有一座名为“广寒宫”的宫殿，是嫦娥的居所，在有些传说中，这座宫殿是由一只蟾蜍变化而来，所以也叫作“蟾宫”。与众仙云集、气象万千的天宫相比，广寒宫要冷清得多，平日里只有玉兔和嫦娥相伴，还有一个拿着斧头不停砍月桂树的吴刚，所以才有了“嫦娥应悔偷灵药，碧海青天夜夜心”的诗句。

在夜空中浩荡而过的银河，同样是中国古人观察的重要对象。早在秦汉时期，“牛郎织女”的神话故事中就提到了“隔河相望”的牵牛星和织女星。汉代的《乐府》诗中有“迢迢牵牛星，皎皎河汉女。河汉清且浅，相去复几许”的诗句。在神话中，王母娘娘为了分隔牛郎和织女，在天空中划出了一条宽阔的大河，这就是天空中的银河。到了每年的七月初七，无数的喜鹊会在银河上搭起一道“鹊桥”，牛郎织女来到鹊桥上相会。

星宿的划分和命名导致了一种极为独特的文化现象产生，这就是中国所特有的“分野”。在我们祖先看来，天与地是不分家的，所以他们将天上的星象与地面上的部落、景物等搭配起来，建立起一一对应的关系，这就是分野的观念。简言之，分野就是把天上的星宿一对一地分配给地上的各个民族或部落。

“分野”这一观念，将天上的星宿与地上的民族联系起来，于是各个星宿就成了各个民族的象征，他们甚至认为星宿就是他们自己，是他们的发源地，星空就是天国，是祖先们的疆域。

既然人们想象中的天空如此瑰丽神奇，人们当然会想尽办法抵达那里，不过由于当时的科学、技术等条件的制约，“飞天”这件事基本上还停留在人们的想象中。在中国的神话传说中，神仙们都是可以飞行的，否则也无法来往于天宫和人间。神仙们有的是“肋生双翼”振翅飞行，有的是骑乘仙鹤、鹄鹰等能够飞行的坐骑，不过更多的则是“腾云驾雾”，脚踩五彩云霞，腾身一跃直上九霄，齐天大圣孙悟空的“筋斗云”就是其中最有特色的代表之一。

除了腾云驾雾这种仙气十足的飞行方式，古人们还幻想出多样的飞行装置。《山海经》中记载，西方奇肱国的人善于制造机巧装置，其中就包括能够在天上飞行的车子，他们猎杀数百种飞禽，收集羽毛制造飞车，然后乘坐飞车随风而行，商朝汤王在位的时候，曾经有奇肱国的人乘坐飞车随着西风来到中原，飞车在落地时损坏了，他们就在中原留了下来。十几年之后，他们又做了一辆飞车，乘着东风飞回了奇肱国。

除了飞车，古代传说中神仙还会使用“飞槎”作为在天上飞行的工具，这里的槎就是木筏的意思，仙人乘坐的“槎”当然要有一个好听的名字，比如“贯月槎”“挂星槎”。

东晋文人王嘉所著《拾遗记》中就有这样的记载：“尧登位三十年，有巨槎浮于西海。槎上有光，夜明昼灭，海人望其光，乍大乍小，若星月之出入矣。槎常浮绕四海，十二年一周天，周而复始，名曰贯月槎，亦谓挂星槎。羽人栖息其上，群仙含露以漱，日月之光则如暝矣。虞夏之季不复记其出没，游海之人犹传其神伟也。”这篇文章记载的是尧帝在位时，西海上出现的巨槎，每十二年绕四海一圈，上面有被称为“羽人”的仙人，在夜间，槎上会有灯光亮起，忽大忽小如同星月进出。

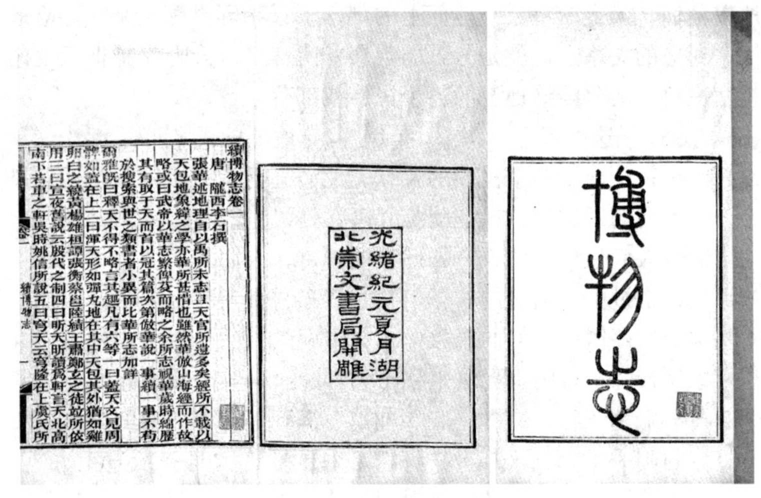
續博物志卷一
唐 隴西李石撰
張華述地理自以爲所未志且天官所遺多矣經所不載以
天包地象緯之學亦華所甚惜也雖然華倣山海經而作故
略或曰武帝以華志繁俾芟而略之余所志觀華歲時編歷
其有取于天而首以冠其篇次第倣華說一事續一事不苟
於搜索與世之類書者小異而比華所志加詳
爾雅既曰釋天不得不略言其趣凡有六等一曰蓋天文見周
髀如蓋在上二曰渾天形如彈丸地在其中天包其外猶如雞
卵白之繞黃楊雄桓譚張衡蔡邕陸績王肅鄭玄之徒竝所依
用三曰宣夜舊說云殷代之制四曰昕天昕讀爲軒言天北高
南下若車之軒是時姚信所說五曰穹天云穹隆在上虞氏所
續博物志 卷一 一

光緒紀元夏月湖北崇文書局開雕

博物志

《博物志》

除了《拾遗记》，同时期博物学家张华所著的《博物志》中也有关于飞槎的记载：“旧说云：天河与海通。近世有人居海渚者，年年八月有浮槎去来，不失期。人有奇志，立飞阁于槎上，多赍粮，乘槎而去。十余日中，犹观星月日辰，自后茫茫忽忽，亦不觉昼夜。去十余日，奄至一处，有城郭状，屋舍甚严，遥望宫中多织妇，见一丈夫牵牛渚次饮之。牵牛人乃惊问曰：何由至此？此人见说来意，并问此是何处。答曰：君还至蜀郡，访严君平则知之。竟不上岸，因还如期。后至蜀问君平，曰：某年月日，有客星犯牵牛宿。计年月，正是此人到天河时也。”古人认为天上的银河和地上的河流一样，都与大海相连。在这个故事里，一位勇士带足了粮食，乘坐飞槎“偷渡”前往了银河，还见到了牵牛星。他在天上的所作所为还被地上的人记录下来，成了“客星犯牵牛宿”。

唐代的《洞天集》中也有关于飞槎的记载：“严遵仙槎，唐置之于麟德殿，长五十余尺。声如铜铁，坚而不蠹。李德裕截细枝尺余，刻为道像，往往飞去复来。广明以来失之，槎亦飞去。”这里面提到的严遵是西汉人，他留下的仙槎被唐代人放置在麟德殿，有五十多尺长，槎身坚硬不腐，敲击声如同金属。唐武宗的丞相李德裕从槎上取下了一尺多长的细枝，雕刻成道家尊像，竟然能够在空中飞来飞去。后来在唐僖宗广明年间，雕像丢失，飞槎也飞走不见了。

以现代人的目光看来，这个名为“贯月槎”或者“挂星槎”的物件与科幻小说或者电影中的宇宙飞船颇有几分相似，生活在上面的“羽人”就像是操纵飞船的航天员。很多人都认为所谓“飞槎”是外星人造访地球乘坐的飞船，从茫茫宇宙抵达地球，降落在海上，在他们的研究工作完成之后，又再次起飞开始了下一段旅途。

02 神灵之地

在世界各地的神话传说中，头顶的星空都是神秘莫测的，是神明的疆域和居所，神明在那里，高傲地俯瞰着尘世中人类的纷纷扰扰。与此同时，星空的变幻莫测也深深地吸引着地上的人们，遥远的星海在许多方面都在影响着地面上的生灵。

作为天空中最醒目的标志物，银河在许多文明的神话传说中占据了重要位置，明亮的光辉让人们常常将其与牛奶、蜂蜜联系在一起。

在希腊神话中，银河是天后赫拉的乳汁变成的。一种说法是，宙斯欺骗了赫拉，让她用乳汁哺育年幼的赫拉克勒斯，赫拉发现自己被宙斯欺骗喂养了他的私生子，恼火之下将赫拉克勒斯推开，飞溅洒落的乳汁在空中形成了银河；另一种说法是，赫耳墨斯偷偷地将宙斯的私生子赫拉克勒斯带到了赫拉的宫殿，趁着赫拉沉睡时，将赫拉克勒斯放在赫拉怀里偷吸她的乳汁，在这个过程中，一些乳汁洒了出来，于是形成了银河。

在亚美尼亚神话体系中，银河被称为“麦秆贼之路”。传说中，一位神祇在天堂偷窃了许多麦秆，将这些麦秆装在一辆木制的运货车上逃向天堂外，在他离开天堂的路上，因为颠簸，车上的麦秆掉落了一些，就形成了人间看到的银河，也就是说，“麦秆贼之路”是连接人间和天堂的道路。

在芬兰神话中，银河被称为“鸟的小径”，因为当地人发现，候鸟在迁徙时是靠银河来判断方向的，所以认为天空中的银河是飞鸟迁徙的目的地和真正的居所。

和古代的中国人一样，世界各地的先民很早就开始观察天空中的群星，并使用丰富的想象力作为翅膀，努力探寻着这片闪烁和大地的联系。对航海者来说，星空是在夜间的茫茫大海上确认位置的唯一手段，是重要的航海技术之一，所以在航海需求旺盛的地区，对星空的观察、记录和研究也比较发达。

星空浩渺无尽，而且随时都在运动着，古人为了将这些星星进行区分和记录，会运用想象力将散布在天上的群星联结起来，组成一个“星座”。由于各地人们的文化不同，对于星座的划分也不同。

两千多年前，古希腊天文学家希巴克斯为了标示太阳在黄道上运行的位置，将黄道带分成十二个区段，以春分点为起点（0 度），每 30 度范围内的天球划分为一宫，并以当时各宫内所包含的主要星座来命名，称之为黄道十二宫。这样就将夜空中的群星划分成十二个区域，按照太阳在天球上经过的顺序，黄道十二宫分别是白羊座、金牛座、双子座、巨蟹座、狮子座、处女座、天秤座、天蝎座、射手座、摩羯座、水瓶座、双鱼座。这种做法与中国的古人将星空分封给“星官”进行管理类似，都是为了更好地对星空进行观察、记录和研究。

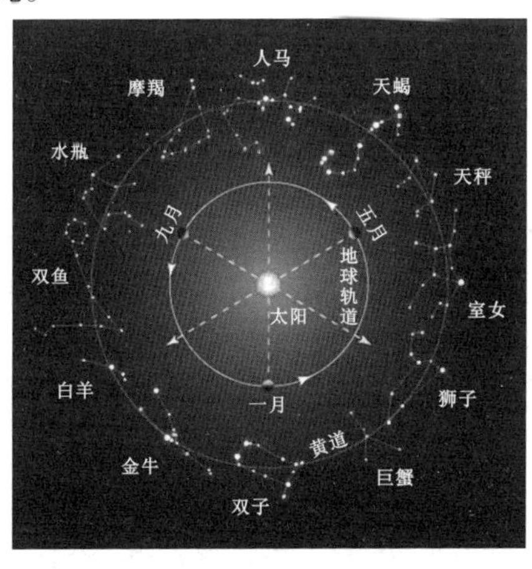

黄道十二宫

在西方的神秘学中，黄道十二宫具有特殊的意义，它既是宇宙方位的代名词，也跟人类的命运息息相关，当一个人出生时，他的性格、天赋等各个方面就已经被星体在黄道上的位置决定了，所以可以通过“占星术”预测一个人未来的命运走向。随着时代的发展，占星术也在逐渐发展，与心理学、行为学等学科进行结合，发展出了一套独特的文化体系。直到当代，仍然有很多人相信出生时的星座能够决定人的性格和能力。

在希腊神话中，每一个星座都有对应的神话传说，比如金牛座就是由宙斯所化身的金牛变成的。

传说贝纳斯国王有位美丽的公主，名字叫作欧罗巴，她从小就被预言将会嫁给宙斯。一天，欧罗巴公主和侍女们到野外游玩，突然出现的一只强壮美丽、通体金光的公牛用温顺的眼神望着公主。公主很好奇，走到公牛身边伸手抚摸，而公牛表现得非常乖巧配合。见公牛如此温顺，公主的胆子大了起来，直接爬到了公牛的背上，但此时公牛突然狂奔，害怕被摔下来的公主急忙抓住公牛的脖子，却发现牛背上非常平稳。公牛带着公主一路狂奔，一直冲进了爱琴海，此时公主以为自己死定了，却意外发现自己并没有溺水，反而是海水在避让着他们，同时海里的动物纷纷围拢过来，向公牛和公主行礼。公牛向公主表明了自己的身份，公主这才意识到这只公牛就是宙斯的化身，她答应了宙斯的求爱。回到克里特岛后，公主和宙斯举行了婚礼，过上了幸福快乐的生活，宙斯化身的金牛升上天化作了金牛座。后人为了纪念他们的爱情，以公主的名字给宙斯向公主表白的地方命名，就是今天的欧罗巴大陆，也就是通常所说的欧洲。

双子座的传说也和宙斯有关。宙斯化身天鹅与勒达王妃生下了两个儿子，两人关系非常亲近，几乎是形影不离，后来哥哥战死，弟弟向宙斯苦苦哀求，要用自己的生命换回哥哥的生命，宙斯被他的诚心感动，让兄弟二人共享一份生命，并把他们提升到空中化作双子座，这就是双子座的由来。

其他星座的神话传说也与希腊神话体系关系密切。比如，狮子座是由被大力神赫尔克勒斯杀死的巨狮所化，天秤座是正义女神雅斯特利亚为了警示世间人们放置在天空中的。古希腊人用这种方式将神话和星空结合在一起，让神话变得更加鲜活生动、丰富多彩。

除了星空，夜空中皎洁的明月也是世界各地古人幻想中的神明之地。古代日本的著名神话传说《竹取物语》中，辉夜姬就来自月亮，用今天的话说是“月球人”。

《竹取物语》也叫作《竹取翁物语》，是日本最早的物语文学作品，作者与创作年代不详，一般认为该书在平安时代（日本古代的一个历史时期）前期写成。

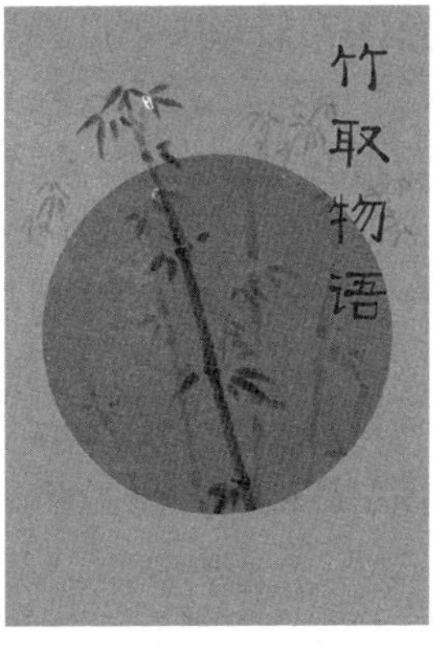

《竹取物语》

《竹取物语》中的故事讲的是从前有一位以伐竹、制竹为生的老翁名叫赞岐造麻吕，也就是“竹取翁”。一天，竹取翁在砍竹子的时候发现一根竹竿在发光，仔细观察发现里面有一个小女孩，竹取翁为女孩取名“细竹辉夜姬”，并将她当作自己的女儿抚养。

辉夜姬成长得非常快，只过了三个月，就成长为一名亭亭玉立的少女，而且她拥有令人惊叹的美貌。辉夜姬的美貌传遍了整个日本，许多贵族都希望将她娶回家。辉夜姬为求婚的贵族出了“五大难题”，让他们去取“天竺佛前石钵”“蓬莱玉枝”“大唐火鼠裘”“龙头五色玉”和“燕子子安贝”，贵族们想尽了办法，仍然找不到这些宝物，最后只能作罢。皇帝得知辉夜姬的美貌，想将她带回皇宫，却也没能如愿。

一年八月十五将至，辉夜姬忽然对月而泣，她对竹取翁说自己原本是月亮上的人，现在有人要接她回去。竹取翁不舍辉夜姬离开，于是请皇帝派来许多武士，并做了充分的准备，想要阻止来人带走辉夜姬。

八月十五当天的午夜时分，竹取翁家的四周忽然亮起了奇异的光辉，这光辉比满月的光还要亮十倍，将人们的脸都照得清清楚楚，黑夜变得比白昼更亮。在这光辉中，许多天上的人乘着云从空中降下，一直到离地五尺左右才停下，整齐地排列在空中，相貌和服饰都非常美丽，他们身后，还有一辆装饰华丽的飞车。

看到这光景，竹取翁家里的所有人，还有那些身经百战的武士，都好像被施了魔法，脑子里一片茫然，连话都说不出来，更别说去战斗了。

天上的人们为辉夜姬奉上羽衣和不死灵药，辉夜姬穿上羽衣，登上飞车，消失在无尽的夜空中。

辉夜姬回到月亮了吗？她在月亮上过着怎样的生活？这个故事里没有答案。从今天的角度来看，辉夜姬的传说与其说是发生在人类与神明之间的故事，倒不如说是人类与外星人的短暂邂逅。

科技的进步让我们能够用科学而不是仅靠幻想去解构这片无尽的星空，不过人类拥有的想象翅膀不会停歇，随着对星球、宇宙的认识越来越深入，人们越来越感觉到自己的渺小和无力，并因此不断创造出新的星空神话，“克苏鲁神话体系”就是其中影响范围较大的一个。

克苏鲁神话是以美国作家霍华德·菲利普·洛夫克拉夫特笔下的小说世界为基础，由奥古斯特·威廉·德雷斯将其作品的世界观整理完善，并由诸多作者的作品共同完善的架空文学体系，既是一个自由开放的集体创作系统，也可以说是一个由这些作者创造出来的现代神话体系。

在这些作品中，人类的力量非常渺小，宇宙中存在着“外神”“旧神”等强大的存在，拥有各种莫可名状的伟岸力量，这些存在对人类的存在既没有善意也没有恶意，只是完全的漠不关心，不过他们的所作所为往往对人类产生灾难性的影响，故事中的人类在尽力探寻关于这些存在的“知识”，但结局往往以灾难性的悲剧而告终。

外神在整个克苏鲁神话系统中可以说是最为强大的存在，但洛夫克拉夫特本人并没有使用过“外神”这样的称呼。外神是来自其他宇宙的强大神灵，它们无目的、无序、不可名状、伟大而盲目痴愚，其能力是旧日支配者远远比不上的。多数外神置身于时空彼方的阿撒托斯宫廷中，也有部分外神栖息于地球和其他异星世界。

旧神也叫作“旧日支配者”，是这个宇宙中强大而古老的存在，其存在是由远超凡间的不明物质组成，尽管它们不如外神那般强大，其能力依然远远超过人类想象，普通的人类只是看到它们就会陷入疯狂。有一些外星种族、古代文明或疯狂的神秘宗教崇拜旧神，希望得到它们的力量。克苏鲁神话的“代言人”克苏鲁就是旧神中的一员，但他并不是其中最强大的那个。

克苏鲁神话中的怪物

洛夫克拉夫特将他的作品中表达的观点称为“宇宙主义”，他认为人类在这个冷漠的宇宙中是孤独的，而且非常弱小。在这样一个浩瀚无边，而又毫无理性与目的可言的宇宙中，人类所认识和规定的法则与观念都是毫无意义的。

克苏鲁神话代表了现代人对星空之上的“未知”恐惧，在我们真正能够踏足星空的那一天之前，这种恐惧都将萦绕在人们对于星空的探索过程中。也许当人类真正征服星空的时候，我们就再也不需要神明的保佑，因为我们自己已经“成神”了。

03 我们要飞天

飞行，是人类永恒的梦想之一。古人们羡慕地看着天空中翱翔的飞鸟，幻想着自己能够像鸟儿一样张开翅膀飞上天空，去触摸日月星辰。

为了实现这一梦想，人类付出了艰辛的努力。而在早期所做的一些尝试以及取得的进展，以神话传说的方式被记载下来，代代流传。

在希腊神话中，有一个关于代达罗斯用自己制作出的翅膀飞行的故事。

代达罗斯是一位希腊著名的艺术家，也是优秀的建筑师和雕刻家，具有高超的技术，世界各地的人都十分赞赏他的艺术品，但他的品格与他的技术并不相配，他非常爱慕虚荣，而且嫉贤妒能。因为他的学生塔罗斯表现得更加优秀，代达罗斯便心生嫉妒，将塔罗斯残酷地杀害了。

杀人的事情败露后，代达罗斯慌忙逃跑，随后在路途中迷失了方向，最终流落到克里特岛。在这里，他受到国王米诺斯的热情接待。代达罗斯在克里特岛与当地的女人结婚，很快就生下了一个儿子，取名为伊卡洛斯。

过了一段时间，代达罗斯开始怀念家乡，他不愿意在这个孤岛上虚度一生。当代达罗斯想要离开的时候，却发现国王下了命令，禁止他离开克里特岛。

为了逃离克里特岛，代达罗斯考虑了很久，最终决定从空中逃离。他收集了许多大大小小的羽毛，将其用蜡粘在一起，制作成一双巨大的翅膀，代达罗斯把翅膀缚在身上，随着翅膀扇动，他像鸟一样灵活地飞上了天空，然后又降落下来。

接着，代达罗斯为他的儿子伊卡洛斯制作了一双较小的翅膀，并且叮嘱他必须在半空中飞行，如果飞得太低，翅膀的羽毛会碰到海水，一旦沾湿就会变得沉重起来，最终会落入大海里；如果飞得太高，翅膀上的羽毛可能会因为靠近太阳而着火。

准备就绪之后，父子两人扇动翅膀飞向天空。开始时一切顺利，他们在天空中飞快地飞行着，欣赏着下面的大海和海岛。伊卡洛斯感觉飞行非常容易，不由得骄傲起来，将父亲的叮嘱抛在了脑后，操纵着羽翼朝高空飞去。很快，太阳强烈的阳光融化了翅膀上的蜡，上面的羽毛纷纷脱落，转眼就完全散架了。伊卡洛斯一头栽落下去，落入汪洋大海，转眼就被大海吞没了。

代达罗斯回头看不见儿子，只在海面上发现散落的羽毛，他预感不妙，急忙降落在附近的海岛上，在海面上寻找孩子的踪影，没过多久他就看到伊卡洛斯的尸体被海浪冲上了海岸。满怀悲伤地埋葬了儿子之后，代达罗斯继续飞行，来到了西西里岛，虽然他在这里受到了尊敬和礼遇，却始终无法忘记惨死的儿子，几年之后便郁郁而死，最终被埋葬在西西里岛。

在这个故事里，代达罗斯用飞鸟羽毛制造出了能够让人飞上天的翅膀，这算得上是最早的“仿生学”创造，非常直白地表现出人们对飞鸟的羡慕之情，无独有偶，中国古代也有类似的传说，同样是模仿飞鸟飞上天空，不过是通过高超的技术制作出的“木鸟”。

传说，鲁国的工匠公输班技艺高超，能够制作许多精巧绝伦的器物，被尊称为“鲁班”。在鲁班所有作品中，最具传奇色彩的就是“木鸢”，可以飞在空中三天三夜而不落地，还可以载人在天空中飞行。传说当时鲁班在离家很远的地方工作，因为思念妻子，经常乘坐木鸟回家和家人相会。有一天，鲁班的父亲好奇之下偷偷骑上木鸟，一番摆弄之后让木鸟飞了起来，却不知道如何控制和降落，于是木鸟带着他一路飞行，不知过了多久，木鸟来到苏州，降落在闹市里，当地人看到有人乘着木鸟从天而降，以为是妖怪来了，便一拥而上将鲁班父亲活活打死了。

鲁班

这个传说故事最早出自《墨子》的《鲁问》一篇，原文是“公输子削竹木以为鹊，成而飞之，三日不下，公输子自以为至巧。子墨子谓公输子曰：‘子之为鹊也，不如匠之为车辖，须臾刘三寸之木，而任五十石之重。故所为功，利于人谓之巧，不利于人谓之拙。’”这里的公输子，指的就是鲁班。不过在《墨子》的记载中，并没有木鸟载人的说法，也没有说清楚木鸟的大小、形状、动力等细节，所以后人对“木鸟”的样子大都会在此基础上展开自己的想象。后来的很多古籍中都有与木鸟相关的记载，比如唐代著名的志怪小说家段成式所著的小说集《酉阳杂俎》中就有提及，《山海经》中也有木鸟相关的记载。随着时间的推移，传说的内容也在逐渐丰富。

关于飞天木鸟的传说还有一种说法，认为制作木鸟的是墨子，这个说法的出处来自《韩非子》的《外储说左上》一篇，原文是：“墨子为木鸢，三年而成，蜚一日而败。弟子曰：‘先生之巧，至能使木鸢飞。’墨子曰：‘不如为车輗者巧也，用咫尺之木，不费一朝之事，而引三十石之任致远，力多，久于岁数。今我为鸢，三年成，蜚一日而败。’惠子闻之，曰：‘墨子大巧，巧为輗，拙为鸢。’”

墨子和鲁班一样都是著名的能工巧匠，以守城闻名，发明、制作了许多守城器械，给我们留下了“墨守成规”这个成语，不过他的发明并不以“精巧”著称，再考虑到韩非子生活的时代比墨子晚了一百多年，而鲁班和墨子基本上是同时代的人，所以还是《墨子》里关于木鸟的记录相对可信一些。

后来有许多人尝试重新制作“飞鸟”，其中一些人取得了成功。根据记载，东汉著名的科学家张衡曾经制作了一只“木雕飞行器”，只要开动机关这个飞行器就能够独自飞出好几里远。唐代小说家苏鹗所著的《杜阳杂编》中记载，飞龙卫韩志和能够制作精巧的飞鸟，“发之则凌云奋飞，可高三尺，至一二百步外方始却下”。

因为知识的局限性，世界各地的古人对飞行的想象绝大多数都与“飞鸟”和“翅膀”有关，还有一些“非主流”的飞行方式，比如欧洲人认为女巫们喜欢骑着扫帚在天空中飞来飞去，这一说法一直流传至今，以至于《哈利·波特》中的巫师们还在骑着扫帚进行魁地奇比赛。

除了制作能够飞天的木鸟，中国的古人还做过许多其他飞天的尝试，其中最著名的当属明朝的万户，他算得上是运用“火箭”飞天的第一人。

早在春秋战国时期，中国人就已经发明了火药，随后将其运用在军事、庆典等领域，北宋时期出现了将火药加装在箭矢上用来增加射程和威力的装置，这大概应该算是比较初级的“火箭”了。

明朝时，有一位名为“万户”的官员尝试用“火箭”将自己送上天空，也有人认为“万户”并不是这个官员的名字，而是他的官职，而这位官员的名字应该是叫“陶成道”。

WAN-HOO AND HIS ROCKET VEHICLE

万户

传说万户是明朝朝廷中负责制造火器的官员，对技术发明十分着迷，后来他的一位好友受到奸臣陷害入狱，万户打算制造“飞天火箭”救出朋友，谁知还没等他完成这个发明，朋友已经死在了狱中。

心灰意冷的万户离开了官场，打算借助“火箭”飞到月亮上，以此远离人间的险恶。经过一段时间的研究和实验，万户将 47 枚装满火药的“火箭”绑在一把椅子上，做成了一个用来升空的“火箭座椅”。为了解决从空中下降的安全问题，万户想到了用巨大的风筝充当“翅膀”。

一天夜里，万户手里分别抓着一个硕大的风筝，坐在“火箭座椅”上，命令仆人同时点燃了椅子下面的 47 条“火箭”的引线。随着耀眼的火光，“火箭座椅”腾空而起，将万户送上了高空，不久之后就化作一团火球，从空中摔落下来。后来，仆人们在附近的山谷里找到了万户的尸体。

万户飞天的故事最早出自美国火箭学家赫伯特 · S. 基姆在 1945 年出版的《火箭和喷气发动机》，在这本书里，赫伯特提到中国明朝一位被称为万户的官员利用火箭飞天的故事，因此认为万户是世界上第一个利用火箭飞天的人。除了赫伯特之外，苏联科学家费奥多西耶夫和西亚列夫也在他们的著作《火箭技术导论》中提到，中国人不仅是火箭的发明者，而且也是“首先企图利用火箭将人载到空中去的幻想者”。

现在看来，万户是世界上第一个利用火箭向太空发起冲击的英雄，他的努力虽然没有取得最终的成功，但他创造性地提出了“借助火箭推力升空”的想法，并用自己的生命验证了这一想法的可行性，为人类的飞天事业做出了重要的贡献，因此被世界公认为“真正的航天始祖”。为了纪念这位世界航天始祖，世界科学家将月球上的一座环形火山命名为“万户山”。

到了近代，随着科技的进步和视野的开阔，人们开始幻想各种飞天的方式，比如著名的法国作家儒勒 · 凡尔纳在他的科幻小说《从地球到月球》中，就探讨了通过大炮将人送到月球上的可能性。

《从地球到月球》面世于 1865 年，故事发生在南北战争结束后不久的美国巴尔的摩城。当地的“大炮俱乐部”主席巴比康提出向月球发射一颗炮弹，从而建立地球与月球之间的联系。法国冒险家米歇尔知道了这件事，提出建议说可以制造一颗空心炮弹，从而把人送到月球上去探险。历尽艰辛的设计、建造过程之后，炮弹和与之配套的大炮终于准备就绪，12 月 1 日，巴比康、米歇尔和尼却尔船长进入炮弹，随着大炮的轰鸣，他们从地球起飞，飞向了月球，不过最终他们没能在月球上着陆，而是开始在距离月球 2800 英里（1 英里≈1. 6 千米）的轨道上绕月飞行。《从地球到月球》的故事到这里就结束了，凡尔纳在后面还写过一个名为《环绕月球》的短篇，介绍三位主角在环月轨道上的故事。

和凡尔纳其他的科幻小说一样，《从地球到月球》同样具有严肃的科学性和惊人的预见性，为人类最终征服月球、拓展生活天地提供了天才的设想，作者则用大胆奇特、合乎逻辑的科学理念表达了这些设想，向 19 世纪的读者展示了一个“科学奇迹”成为现实的理想世界，对航天科学的发展具有十分重要的意义。

04 航天——梦想、未来与高品质生活

◇

当我们的祖先第一次抬头仰望星空的时候，已经注定了人类的未来就在那片无边无际的星海。地球是人类的摇篮，银河系是人类的家乡，宇宙是人类的乐园。而航天，是人类永恒的梦想，也是人类通向未来的重要途径。

17世纪，郑和下西洋、哥伦布发现美洲大陆、麦哲伦环球航行让人类进入“航海时代”，航海技术的进步推动了全球贸易的发展，世界上各个地区的人类文明开始激烈碰撞，开启了“地球文明”的新时代；而下一个时代，就是我们飞向星空的“星际时代”。

航天科技是人类掌握的最尖端技术体系之一，是人类科技皇冠上的“明珠”，代表了人类科技未来的发展方向。“航天”这一行动本身所具有的复杂性和高难度，决定了它必须综合现代科技多个领域的成就。在这同时，随着航天事业的发展，它又对现代科技的各个领域提出了新的要求。因此，航天事业在很大程度上推动了现代科技各个领域的发展。

航天所取得的科技进步，不仅仅被用于航天领域，而是被推广开来，应用于我们生活的方方面面，使得我们的生活更为舒适、更为方便。比如说，我们最常见的“尿不湿”，就起源于航天领域。它的原形，是20世纪80年代被称为“太空服之父”的华人唐鑫源

为解决太空人排尿问题，而发明的能吸水1400毫升的纸尿片。在没有纸尿片之前，不管是苏联宇航员加加林，还是美国宇航员谢泼德，在遭遇尿急时，只能尿在太空服里。而在纸尿片被应用在改进版的太空服上后，排尿不再是宇航员的难题。后来这项技术转为民用，人们又在原有的基础上生产出了纸尿裤、拉拉裤等，不光给妈妈们带来了极大方便，很多老年人和泌尿系统不正常的人，也都享受到了实惠。

2021年两会，“碳达峰”和“碳中和”首次写进政府工作报告，实现“双碳”的关键，在于推动产业结构、能源结构、生产方式、生活方式和空间格局等全方位、深层次的系统性变革，构建起以新能源为主体的新型电力系统。而构建新型电力系统所使用的两种新能源，氢能和太阳能，其源头都在于航天事业的需求。

氢是宇宙中含量最为丰富的元素，占整个宇宙中可见物质的75%左右。绝大部分的氢元素都以星云或恒星的形式存在于广袤的宇宙中。这种元素最初是由自称“帕拉塞尔苏斯”的瑞士学者德奥弗拉斯特·冯·霍恩海姆在炼金的过程中，人工制取出来的。后来，被称为“近代化学之父”的法国化学家安东尼·拉瓦锡确定它为一种独立的元素，并为它取了“氢”这个名字。1806年，瑞士发明家弗朗索瓦·伊萨克·德·里瓦兹造出了第一台由氢和氧的混合物驱动的内燃机，开启了氢作为能源的征程。100多年后，液氢作为一种优质燃料，推动火箭飞向了太空。由于液氢具备极高的热值和相对较轻的重量，成为极端追求“推重比”的航天发动机的理想燃料，并在航天领域内得到了极大推广。从20世纪70年代诞生的航天飞机，到如今将22吨重的“天和”核心舱单级入轨的“胖5”（长征五号B），所使用的推进剂都是-253℃的高压液氢。

单位质量氢燃料所含的热量大约是相同质量传统汽油的3倍，能量密度远高于传统化石燃料，最关键的是，氢能在转化为电能或热能的过程中，排出的副产品只有水，不会有污染环境的隐患，更不会产生如今环保大潮下人们最忌惮的温室气体与粉尘，因而受到了人们的青睐。

燃料电池的发展促进了氢作为能源的进程。

燃料电池的原理是德国物理学家克里斯蒂安·弗里德里希·尚贝于1839年提出的，1842年，威尔士物理学家、律师威廉·罗伯特·格罗夫首次使用气体从化学反应中产生电流，制造出他的第一个燃料电池，奠定了氢燃料电池技术发展的基础。

“胖5”模型

氢燃料电池以氢气为燃料，与氧气经电化学反应产生电能，发电效率高。氢和氧反应生成水，不排放硫化氢、一氧化碳、氮氧化物和二氧化碳等污染物。

20世纪60年代，氢燃料电池成功地应用到航天领域。此后，随着科学技术的不断进步，氢能已经较广泛地用于发电、运输，并逐渐步入我们的家庭生活。20世纪90年代，第一个利用太阳能制氢的工厂落成，完全零排放的氢能模式开始试运行。中国第一辆燃料电池车，也在1999年于清华大学试验成功。进入21世纪后，氢能迎来了发展的新阶段，燃料电池、氢气储运和加氢站等关系到氢能发展应用的关键技术开始不断进步。

构建新型电力系统的另一种重要工具，是太阳能光伏发电系统，简称光伏。它是一种新型发电系统，可以利用太阳能电池半导体材料的光伏效应，将太阳辐射能直接转换为电能。

光伏技术同样诞生于航天领域。1877年，英国科学家威廉·亚当斯和他的学生理查德·戴成功制作出了人类历史上的第一片硒太阳能电池。1954年，新的太阳能电池在贝尔实验室诞生。这块新电池的转换率达到了6%，被认为具有实用价值。1958年，抗辐射能力很强的单晶硅太阳能电池被制作成功；与此同时，霍夫曼电子公司也生产出一种转换效率高达9%的单晶硅太阳能电池，这种电池的转换效率比贝尔实验室的硅太阳能电池高了50%。同年，美国发射了人类历史上第一个使用太阳能供电的人造卫星“先锋”1号。“先锋”1号上安装了100平方厘米的太阳能电池，功率为0.1瓦，用于为一个备用的5毫瓦话筒供电。

此后，太阳能电池开始在航天领域中大显身手，其使用对象从一开始的人造卫星，扩展到了宇宙飞船、天文观察站等；它所能提供的电能，也从一开始的0.1瓦提高到了几百甚至上千瓦。

太阳能电池在航天领域中大放异彩的同时，科学家也从没放弃让它在地面上为人类做贡献的想法，并一直为此展开积极行动。1972年，法国人就在尼日尔共和国的一所乡村学校中安装了一个硫化镉光伏系统，用于为教育电视供电。1973年，美国政府推出了“阳光发电计划”。就在这一年，美国特拉华大学建成了世界上第一座太阳能住宅。该住宅由美国能量转换研究所建造，铺在屋顶的光伏电池可将太阳能直接转化为电能。住宅中的照明及其他用电设备所使用的电能，都由光伏电池提供。多余的电能还能储存起来。

日本紧跟美国的脚步，于1974年推出了政府级别的“阳光计划”，该计划涉及领域包括太阳房、工业太阳能系统、太阳热发电、太阳能电池生产系统、分散型和大型光伏发电系统等。

进入21世纪后，随着太阳能电池技术的快速发展，光伏发电的成本大幅度降低，人们进入了平价上网时代，更多的人享受到了使用平价电的实惠。

光伏发电不但能通过平价上网，将电能输送给需要的用户，还能解决供电困难户的用电问题。在一些远离输电线路的地方，单独架设电缆的成本非常高昂。若使用光伏发电，就能实现低成本通电。

太阳能不会污染环境，是地球上最清洁的能源之一。更可贵的是，从太阳自身的成长测算，太阳至少还能为地球连续供能50亿年；它还有一项好处，是煤和石油等能源比不了的——太阳的照射没有地域限制，它可以就地使用，免去了开采和运输的麻烦。据此，人们想到了太阳能更为广阔的用途，即“光伏+物”，简称“光伏+”，光伏所加的“物”包括可穿戴装备、物联网传感器、智能家居、快装电站、5G基站、无人机、电动车、电气化列车和光伏建筑一体化等，其种类繁多。

光伏电池应用于航天器

如今，太阳能帆船、太阳能飞机、太阳能背包、太阳能帐篷、太阳能手电筒、太阳能汽车等都在持续开发中，有些已经开始投入使用。同时，商业卫星、航天飞机、临近空间飞艇也都被列入近年的研发范围内，诞生于航天领域的光伏技术，在与其他领域相结合后，又给了航天领域丰足优厚的回馈。

航天，是我们从祖先那里继承来的梦想。通过航天我们了解了地球摇篮之外的宇宙奇景，看到了许多神奇的现象。太空是个巨大的宝库，漫天星海中蕴藏着无穷无尽的财富，人们利用太空得天独厚的优势和丰富的资源，开展多种形式的科学实验，生产地面无法生产的高纯度特效新药；制造高精度、高质量的太空工业产品和太空农业产品；利用全球通信卫星，进行气象预报、太空勘探……取得的成就极大地改善了我们的现状，提高了人们的生活品质。人类正在时时感受航天所带来的丰厚回报。

航天，正在引领着我们，实现梦想，奔赴未来，享受高品质的生活。

梦想起飞

01 什么是航天？

◇

对只能在地面上行走的人类来说，天空中翱翔的飞鸟是无拘无束的自由象征，然而准确地来说，飞鸟的“飞行自由”其实很有限，因为必须借助扇动翅膀推开空气产生上升的力量，所以飞鸟的飞行被牢牢限制在靠近地面的大气之中，根本无法抵达空气稀薄的高空。从某种意义上来说，天空的飞鸟和水中的游鱼其实非常相似，都是被限制在自己熟悉的环境之中。

和飞鸟类似，人类早期发明的飞行器同样受限于空气，无论是身躯庞大的飞艇，还是引擎轰鸣的飞机，都只能借助空气的浮力在大气层之内飞行，更无法摆脱地球引力的束缚，人们把这种飞行在大气层中的状态称为“航空”，可以理解为“航行在空气中”。

与航空相对的，在地球大气层之外的航行状态被称为“航天”。

事实上，以大气层作为“航空”和“航天”的区别并不是很严谨，因为地球大气层的范围其实非常大，根据研究，地球大气层的厚度超过 1000 千米，甚至在距离地表 65000 千米的距离上仍然有气体分子的存在。

地球大气层

距离地面越近，大气层的密度越大，当我们登上海拔数千米的山峰，可以明显发现山顶的空气比山下稀薄得多，而万米高空的空气基本上已经完全无法供人类进行呼吸了，而20千米基本上就是飞机飞行高度的极限。

一般来说，人们把距离地面20千米以内的飞行活动定义为“航空”，距离超过80千米的称为“航天”，而20千米到80千米之间则称为“空天”，也就是介于航空和航天之间。

航天也称为空间航行、太空航行、宇宙航行，是对大气层之外的宇宙空间的研究和探索，也是对地球之外各个天体的探索和开发。

从研究方向上来说，航天活动包括空间技术、空间应用和空间科学三大部分。

空间技术也叫航天技术，是为航天活动提供技术手段和保障条件的综合性工程技术，是航天的基础。

空间应用是航天技术在各个领域的应用，比如将航天技术及其开发的空间资源应用在科学研究、国民经济、国防建设、文化教育等领域，与我们的生活息息相关，是航天活动重要的成果转化。

空间资源则是地球大气层以外的各种环境、能源与物质资源，比如空间位置、高真空、超低温、强辐射、微重力环境、太阳能以及地球以外天体的物质资源等，这些都是航天活动带来的直接收获。

航天技术是航天活动的基础，没有强大的航天技术，后面的研究、收获和应用都无从谈起，想要成为航天强国更是天方夜谭。

航天技术是一个复杂的综合体系，主要包括运载器、航天器和测控系统三个重要组成部分。

运载器是航天活动中最基础，也是最重要的组成部分。目前，在航天活动中应用最广泛的运载器是火箭，也称为运载火箭。运载火箭的原理并不复杂，通过喷射燃料燃烧产生的气流来进行推进，根据使用的燃料种类不同，可以分为液体燃料火箭、固体燃料火箭和混合燃料火箭；根据火箭的结构，可以分为单级火箭和多级火箭，早期的火箭都是单级火箭，不过随着火箭技术的发展，多级火箭逐渐成为主流，目前使用比较多的火箭一般是 2 至 4 级。除了运载火箭之外，随着航天科技的发展，近年来还出现了空天飞机、轨道发射器等种类的运载器，用以满足不同情况的需要。

运载火箭

航天器也叫作空间飞行器，包括人造卫星、空间站、宇宙飞船、航天飞机、空间探测器等，种类非常丰富。航天器可以看作搭载运载器的“货物”，由运载器送入太空，在太空中执行自己的任务，有些运载器运行在地球周围的轨道上，成为地球的卫星，还有一些离开地球，飞向更遥远的宇宙深处。

人造卫星

空间探测器

测控系统是连接运载器、航天器与地面的纽带，如果把运载器和航天器看作在空中飞舞的风筝，地面测控就是牵引它们的风筝线，将它们与地面控制中心连接在一起。控制中心通过测控系统获得运载器、航天器运行的各种信息，并根据这些信息对运载器、航天器进行控制，调节它的运行状态，从而保证航天任务的顺利进行。

除了这三大系统之外，发射场和着陆场也是航天活动重要的组成部分。

02　航天发射场和着陆场

◇

如果说运载火箭是即将远行的游子，航天发射场就是一个温暖舒适的家。虽然航天发射场位于地面上，但它是连接地面与太空的纽带，是运载火箭和航天器奔赴宇宙空间的起点。运载火箭和航天器在这里完成组装、检测等一系列工作，最终一飞冲天。在载人飞船的 13 个分系统中，发射场系统是非常重要的一个，负责有效载客和装载设备在发射场的发射。航天发射场是发射航天器的特定区域，通常由测试区、发射区、发射指挥控制中心、综合测量设施、各勤务保障设施和一些管理服务部门组成。场区内有整套试验设施和设备，用以装配、贮存、检测和发射航天器，测量飞行轨道，发送控制指令，接收和处理遥测信息。

人类使用火箭作为航天运载器的时间并不长，早期的火箭是作为炸弹的推进装置进行研究的，也就是所谓的导弹。为了进行导弹的研究和进行性能测试，当时的人们在偏远地区建立了导弹实验场。随着航天技术的研究和开发，一些早期的导弹实验场也被当作航天发射场来使用，作为航天器发射的基地。

航天发射场

航天发射场对于地理位置的要求非常复杂而且严格，要求周围地区的环境湿度小、风速低、温差变化小、水源丰富，更重要的是较少出现雷雨等恶劣天气。为了利用地球自转速度来节约火箭能量，一般发射场都尽量选择在靠近赤道的位置，而且发射方向都是朝东的。为了方便运载火箭和航天器，发射场周边需要便利、快捷、安全的运输条件。因为航天发射活动存在一定的危险性，所以航天发射场不能建设在人口稠密的经济发达地区，而且在发射方向的一定范围内没有大型的城市和重要的大型工程。一般来说，航天器发射场的建设会选择在人口稀少、地势平坦、视野开阔，而且地质、水源、气候和气象条件都适宜的内陆沙漠、草原或海滨地区，也有建在山区或岛屿上的。

航天科技发展到今天，世界范围内已经建立了许多规模不等的航天发射场，其中有许多发射场为人类航天事业的发展做出了重要贡献。

（1）拜科努尔航天发射场

拜科努尔航天发射场是人类建立的第一座航天发射场，位于哈萨克斯坦西南部克孜勒奥尔达州坦锡尔河畔丘拉塔姆以北地区。1955年，苏联的工程师和建设者来到这片荒漠，从零开始在这里建设航天发射场，从此时开始，这片土地就成了人类太空梦的启程之地。

拜科努尔航天发射场

1957 年 10 月 4 日，装载着人类历史上的第一颗人造地球卫星的运载火箭从拜科努尔航天发射场升空，并成功地将人造卫星送入地球轨道，这标志着人类开始真正进入航天时代。

1961 年 4 月 12 日，苏联航天员加加林乘坐载人飞船东方号，从拜科努尔发射场开始了人类历史上第一次航天载人飞行，人类第一次进入了太空。

在建设初期，拜科努尔航天发射场一直是严格保密的军事禁区，连这里的通信地址都被更换过多次，使用过“曙光”“莫斯科-400”“克济尔-奥尔达-50”“塔什干-90”“列宁镇”等代号。直到加加林创造人类首次进入太空的历史之后，“拜科努尔航天发射场”这一名称才首次被确定并公之于众。

在苏联时期，拜科努尔航天发射场承担着全苏联 80%～90% 的航天发射任务，这里拥有完备的发射、控制、监视、遥测、跟踪和回收设施，汇集了苏联航天活动中经验最丰富的技术人员，“质子号”“能源号”“天顶号”“旋风号”和“联盟号”等多种运载火箭都在这里发射升空，是当时世界上最重要的航天发射基地之一。

从规模上来说，当时的拜科努尔航天发射场是世界上最大的航天发射场。

然而拜科努尔航天发射场的辉煌并没有一直持续，随着1991年底苏联的轰然倒塌，拜科努尔航天发射场骤然陷入了困境。

按照苏联遗产的划分原则，拜科努尔航天发射场被划归为哈萨克斯坦所有，然而哈萨克斯坦并没有继续推动航天科技发展的动力，更缺乏这方面的能力和资金，甚至根本无法保证发射场的正常运作，发射次数急剧减少。

随着拜科努尔航天发射场陷入困境，技术、后勤人员都纷纷离开了这里，当地政府在维持城市正常运转的资金和人员方面捉襟见肘，根本无法维持发射场的正常运作。许多苏联的航天技术“遗产”，比如苏联引以为豪的“暴风雪号”航天飞机，都被无声无息地埋葬在了拜科努尔发射场的废弃仓库里。

到了1994年，事情出现了转机。为了与美国进行航天科技领域的竞争，俄罗斯向哈萨克斯坦租用了拜科努尔航天发射场，并开始重新在这里进行航天发射。根据双方的协议，俄罗斯将租用拜科努尔航天发射场直至2050年，除了付出巨额租金之外，俄罗斯每年还需要花费数百万美元用于设备更新与维护。在俄罗斯的资金和人才支持下，拜科努尔航天发射场开始重新焕发出活力。

随着国际空间合作的展开，拜科努尔发射场在世界航天领域的重要性与日俱增。1998年11月20日，由美国提供资金，俄罗斯建造的国际空间站“曙光号”功能舱在拜科努尔航天发射场升空，标志着国际空间站建设的开端。

拜科努尔发射场是俄罗斯唯一可供发射载人飞船和地球同步轨道卫星的发射场地，根据俄罗斯官方公布的资料，截至2003年6月1日，拜科努尔航天发射场进行了1207次航天器发射，1187次洲际弹道导弹发射，是全世界最繁忙的发射场。在美国航天飞机停飞的情况下，2004年俄罗斯完成了全世界42.6%的航天发射，居世界第一，其中有74%的发射任务是由拜科努尔航天发射场完成的。对于俄罗斯来说，为了在竞争日趋激烈的国际商业发射市场上生存，纬度相对较低的拜科努尔航天发射场具有极大的经济价值，其地位无可替代。

（2）肯尼迪航天中心

肯尼迪航天中心的建成虽然晚于拜科努尔发射场，但比前者更具有传奇性。历来人们在提起它的时候，总会连带着想起科幻名著《从地球到月球》。

《从地球到月球》是法国“科幻小说之父”儒勒·凡尔纳第一部描述太空探索的作品，于 1865 年 9 月 14 日—10 月 14 日开始连载于《辩论报》，同年 10 月 25 日出版单行本。这部小说以其合理的预测和充满想象的大胆构思在读者中引起了轰动，在后世引发了一股航天热潮，并影响了诸如“火箭之父”冯·布劳恩、“太空第一人”加加林等人，使这些精英们满怀热情地投身到航天事业中。

在这篇被后人誉为“精准预言”的科幻作品里，那颗超级炮弹的发射地在美国佛罗里达州坦帕市附近发射，后来的肯尼迪航天中心距离小说中描述的地点非常近。

肯尼迪航天中心是美国最大的航天发射场，它位于美国东部佛罗里达州东海岸的梅里特岛卡纳维拉尔角，于 1962 年 7 月正式成立。在成为航天中心之前，卡纳维拉尔角已经是美国的太空基地，1949 年，时任美国总统的杜鲁门决定将卡纳维拉尔角作为美国导弹发射基地，此后的十多年中，这里一直由美国国防部下属的部门使用，进行了多次火箭和导弹的发射试验，直到 1962 年美国宇航局进驻，卡纳维拉尔角才开始成为军民两用的航天发射基地。为了纪念 1963 年遇刺的美国总统约翰·肯尼迪，美国宇航局将这里命名为“肯尼迪航天中心”。

作为一个综合性的航天发射中心，肯尼迪航天中心占地广阔，整体面积达到了惊人的 567 平方千米，除了航天发射相关设施之外，这里还有游客中心、博物馆、电影院、酒店等与旅游相关的设施，是佛罗里达州重要的旅游点。每年都有络绎不绝的游人来到这里，近距离体验航天科技带来的震撼。

在美国的航天科技史上，肯尼迪航天中心拥有举足轻重的地位，既见证了美国航天的辉煌和荣耀，也经历了悲伤与挫折。

从阿波罗 7 号一直到阿波罗 17 号，整个阿波罗登月计划中的

11 次载人任务，都是由肯尼迪航天中心完成的，这是肯尼迪航天中心最辉煌的时代，整个地球的目光都聚焦在这里，宇宙飞船从这里升空奔赴月球，带着人类对于宇宙时代的渴望。

然而，阿波罗计划并不是一帆风顺的，而是从一开始就笼罩在悲剧性的阴霾中。1967 年 1 月 27 日，阿波罗 1 号飞船在发射模拟演习中突发大火，一个电火花点燃了阿波罗飞船座舱的纯氧，航天员维尔基尔·格里森、爱德华·怀特和罗杰·查菲在火灾中身亡。

除了阿波罗 1 号的悲剧之外，另一次航天史上著名的悲剧故事也发生在肯尼迪航天发射中心，这就是“挑战者号航天飞机灾难”。

1986 年 1 月 28 日，挑战者号航天飞机从肯尼迪航天发射中心升空，由于右侧固体火箭助推器的 O 形环密封圈失效，燃料泄漏引起大火，导致高速飞行中的航天飞机飞行了 73 秒后在空中解体，机上 7 名航天员全部罹难，这次灾难性事故导致美国的航天飞机飞行计划被冻结了长达 32 个月之久。

直到现在，肯尼迪航天发射中心仍然是美国最重要的航天基地，除了美国国家航天局的飞行任务之外，这里也承接商业公司的航天发射工作。近年来，美国太空探索技术公司 SpaceX 及其他商业公司都在肯尼迪航天中心发射了自己的运载火箭。

(3) 酒泉卫星发射中心

酒泉

酒泉，古称肃州，地处中国西北地区、甘肃省西北部、河西走廊西端，为汉代河西四郡之一，自古是中原通往西域的交通要塞，丝绸之路的重镇。上古时期，酒泉为羌戎居地，在汉朝建立以前，占据酒泉一带的仍主要是乌孙、月氏、匈奴等民族。西汉建立后，酒泉、敦煌一带仍被匈奴右贤王属下的浑邪王所控制，称匈奴右地。元狩二年夏，汉武帝发动第二次河西战役，河西地区自此纳入西汉王朝统治范围。

传说酒泉的得名源于西汉名将霍去病的一次豪举。

相传霍去病在击败匈奴后，想在此地庆功，慰劳出征的军士，但当时军旅途中酒水极其匮乏，从长安运酒过来又路途太远，霍去病于是将随身携带的酒倒入偶然遇到的一眼泉水中，与全军将士共同饮用。之后，这个地方就以“酒泉”命名了。

酒泉是中国现代航天事业的摇篮。酒泉卫星发射中心位于中国西北部甘肃省酒泉市附近，是中国创建最早、规模最大的综合型导弹、卫星发射中心，又被称为“东风航天城”，是测试及发射长征系列运载火箭、中低轨道的各种试验卫星、应用卫星、载人飞船和火箭导弹的主要基地，还承担航天器残骸回收、航天员应急救生等任务。

1958 年 10 月，酒泉卫星发射中心开始建设。之所以选择在这里建立卫星发射中心，是因为此地属内陆，沙漠性气候，地势平坦，人烟稀少，而且常年干燥少雨，云量小，一年四季大都是晴朗的天气，为航天发射提供了良好的自然环境条件。根据统计，酒泉卫星发射中心每年满足运载火箭发射条件的发射日有 320 天以上。

酒泉卫星发射中心为中国航天事业，特别是载人航天的发展立下了汗马功劳。

1960 年 11 月 5 日，中国第一枚地对地导弹在这里成功发射。

1970 年 4 月 24 日，长征一号运载火箭从这里发射，成功将中国第一颗人造卫星东方红一号送入太空轨道。

1999 年 11 月 20 日，神舟一号试验飞船从这里发射升空，标志着中国载人航天工程拉开了帷幕。

酒泉卫星发射中心

2003 年 10 月 15 日，神舟五号搭乘长征二号 F 型运载火箭在酒泉卫星发射中心起飞，将中国首位航天员杨利伟送上太空，太空第一次迎来了来自中国的客人。

2011 年 9 月 29 日，中国首个空间站天宫一号从这里发射升空，并成功进入了预定轨道，中国航天进入了“空间站时代”。

截至现在，酒泉卫星发射中心仍然是中国唯一的载人航天发射场，也是世界三大载人航天发射场之一，承担着中国发展载人航天的重要使命。可以说，酒泉卫星发射中心见证了整个中国航天事业从无到有、从羸弱到辉煌的整个过程，在可以预见的未来，这里仍然是中国航天事业的重要基地之一。

作为中国航天事业发展的重要见证者，酒泉卫星发射中心已经成为一个标志性的文化符号，代表着中国航天人不畏艰难、勇于拼搏的精神，也成了“航天旅游”的重要目的地，先后被授予“全国研学旅游示范基地”“首批中国十大科技旅游基地”等称号，吸引了来自全世界各地的游客参观。2018 年 1 月 27 日，酒泉卫星发射中心入选“中国工业遗产保护名录”。

（4）西昌卫星发射中心

西昌卫星发射中心也称为“西昌卫星城”，总部位于距发射场

65 千米处的西昌市内，是中国三大航天发射中心之一，管理使用西昌、文昌两个航天发射场。

西昌市为四川省凉山彝族自治州首府，素有“小春城”之称，是举世闻名的太阳城、月亮城、航天城，也是大香格里拉旅游环线、川滇旅游黄金线上的重要节点。西昌，古称邛都，据《禹贡》记载，西昌属于梁州，为西南夷占据，汉初为邛都国地。西汉元鼎六年，汉武帝在邛都设越巂郡。1980 年 1 月 1 日，西昌市正式成立。

西昌卫星发射中心

西昌卫星发射场位于四川省凉山彝族自治州冕宁县，地处山区，是全球十大发射场中局地气候条件最为复杂的发射场之一。该发射场始建于 1970 年，1983 年建成并交付使用。该地区纬度低，海拔高，属亚热带气候，全年平均气温约为 16℃，全年地面风力柔和适度，每年的 10 月至次年 5 月都是优秀的发射期，为运载火箭的发射带来很大的便利。

1984 年，西昌卫星发射场成功发射了中国第一颗地球同步轨道通信卫星。

1986 年 2 月 1 日，中国第一颗通信广播卫星东方红二号从西昌卫星发射场升空。

2007 年 10 月 24 日，中国探月工程的首颗卫星嫦娥一号从西昌卫星发射中心起飞，如同传说中的“嫦娥奔月”，启程奔向 38 万千米外的月球。

除了发射中国自己的航天器之外，西昌卫星发射场还积极开展与国外机构的合作，在 1990 年成功发射了美国休斯公司制造的商用卫星亚洲一号。

除了西昌发射场之外，西昌卫星发射中心还管理着文昌航天发射场。文昌发射场位于海南省文昌市龙楼镇，是中国首个开放性滨海航天发射基地，也是世界上为数不多的低纬度发射场之一。

根据研究，在纬度较低的地方，地球自转的线速度比较大，火箭发射时可以利用离心力，因此可以减少携带更大的载荷。除此之外，在低纬度发射场发射地球同步轨道卫星时，卫星转移到地球同步轨道所需燃料比较少，可以节约燃料，以此来延长卫星寿命。

海南省是中国纬度最低的地区，在中国早期寻找航天发射场建设位置时，曾经把海南岛列为备选的场址之一。不过当时的国际环境笼罩在冷战的阴云之下，如果把发射场建在沿海地区，一旦战争爆发，很容易被敌方攻击摧毁。经过慎重考虑之后，中国将航天发射场建在了内陆纵深的酒泉、太原和西昌。

随着冷战结束，国际形势日趋缓和，在海南建设中国第四个卫星发射中心的计划也提上了日程。20 世纪 90 年代中期，海南航天发射基地建设项目开始酝酿，并进行了多轮科学评估，最初论证时曾有海南三亚、文昌、广东阳江三个方案，最终第四个卫星发射基地选定在文昌市。

目前，文昌发射场承担着中国空间站“天宫”建造的重要任务，“天宫”的重要组件——天和核心舱、问天实验舱、梦天实验舱，以及为空间站运送物资的一系列“天舟”飞船都是从这里起飞的。

文昌发射场

（5）太原卫星发射中心

太原卫星发射中心始建于1967年，位于山西省忻州市岢岚县原神堂坪乡的高原地区，当地的平均海拔在1500米左右，是中国试验卫星、应用卫星和运载火箭发射试验基地。除了太原卫星发射场之外，太原卫星发射中心还负责中国海上卫星发射。

1968年12月18日，太原卫星发射中心成功发射了中国自己设计制造的第一枚中程运载火箭。

1988年9月7日，中国第一颗气象卫星风云一号从这里升空。

1997年12月8日，太原卫星发射中心成功地将美国摩托罗拉公司制造的两颗“铱星”送入预定轨道，这是该中心首次执行商业卫星发射任务。

在20世纪90年代前期，中国航天发展经历了一段低谷期，这期间多次出现了发射失败的情况，不但造成了巨额的经济损失，而且给中国航天事业的发展带来严重的挫败感，导致很多人都对航天事业的发展丧失了信心。在这种艰难的情况下，太原卫星发射中心在1997—2002年这5年多时间里一共发送22颗卫星，成功率达到了100%，一举提振了中国航天的整体士气，并且极大提升了中国航天在国际上的威信。

太原卫星发射中心

（6）西部航天和导弹试验中心

西部航天和导弹试验中心位于美国西海岸的圣佩德罗湾和圣莫尼卡湾沿岸，靠近洛杉矶，是美国最重要的军用航天发射基地，主要用于战略导弹等武器系统的试验，以及用于发射各种型号的军用卫星。根据统计，这里的航天发射次数甚至超过了肯尼迪航天中心，是美国最繁忙的航天发射中心。

西部航天和导弹试验中心地处太平洋东岸，属地中海气候，终年干旱少雨、阳光明媚，只有冬季降雨稍多，而且基本上不会下雪，为航天发射提供了得天独厚的气候条件。

相比于对公众开放的肯尼迪航天中心，西部航天和导弹试验中心的保密措施要严格得多，作为美军重要的航天发射中心和武器实验基地，这里对于大部分人来说都十分神秘。

（7）普列谢茨克航天发射场

普列谢茨克航天发射场位于俄罗斯境内，大约在莫斯科北方800千米。这里的冬天十分寒冷，最低气温能达到-38℃，而夏季的气温很高，能够达到33℃左右。

1957年，普列谢茨克航天发射场开始建设，此后在相当长的一段时间里都是苏联用来进行火箭测试和航天发射的重要基地。因为严格的保密措施，这里在很长一段时间里都不为世人所知，直到1987年，苏联才公开承认普列谢茨克航天发射场的存在。

普列谢茨克航天发射场

苏联解体之后，俄罗斯继承了普列谢茨克航天发射场。为了减少对拜科努尔发射场的依赖，1994年11月，当时的俄罗斯总统签署法令，将普列谢茨克航天发射场确立为“国家第一航天发射场”。

普列谢茨克航天发射场承担了俄罗斯大部分军用卫星的发射任务以及火箭技术的试验任务，除了进行航天发射之外，这里还可以发射能够携带核弹头的洲际弹道导弹，是俄罗斯核威慑力量的重要组成部分。

（8）种子岛宇宙中心

种子岛宇宙中心是日本最大的宇航研究中心和航天发射中心，位于九州岛南 115 千米的种子岛上。

种子岛宇宙中心

日本对航天技术的发展和太空开发一直十分重视，早在 1968 年，当时的日本宇宙开发事业团就开始在种子岛建设航天发射场，并在 1969 年正式设立种子岛宇宙中心。

种子岛宇宙中心拥有竹崎发射场、大崎发射场以及吉信综合发射场这三座航天发射场，毗邻大海，周围有绿色的山丘环绕，风景优美，因此被称为“世界上最美丽的火箭发射基地”。

目前，种子岛宇宙中心由日本宇宙航空研究开发机构进行管理，是日本最大的宇航研究中心和航天发射中心，主要执行人造卫星的组装、测试、发射、测控等任务。

（9）库鲁发射场

库鲁发射场位于南美洲北部法属圭亚那中部的库鲁地区，也叫作“圭亚那航天中心”，是法国与数个欧洲国家共同合作在法属圭亚那的库鲁设立的太空中心与火箭发射场。圭亚那太空中心是法国唯一的航天发射场。

库鲁发射场

1964年，为了取代阿尔及利亚撒哈拉沙漠的哈马基尔发射中心，法国决定在库鲁地区兴建法国航天中心，于1969年建成并投入使用。欧洲空间局成立之后，库鲁发射场更名为“欧洲航天发射中心”，成为欧洲空间局开展航天研究和火箭发射的主要场所。

（10）斯里哈里科塔发射场

斯里哈里科塔发射场是印度最重要的航天发射中心，位于印度南部东海岸的斯里哈里科塔岛，是印度的导弹试验和卫星发射场，1977年正式投入使用。

作为印度航天技术的重要支撑，斯里哈里科塔发射场拥有完备的火箭测试、组装和发射设施，并建有先进的计算机数据处理中心，印度的4种国产运载火箭——卫星运载火箭（SLV）、加大推力运载火箭（ASLV）、极地轨道运载火箭（PSLV）和地球同步轨道运载火箭都是在这里点火升空奔向太空的。这里还发射过来自德国、韩国和比利时等国的卫星，拥有丰富的航天发射经验。在斯里哈里科塔发射场的支持下，印度已经成为仅次于美国、俄罗斯、中国、欧盟和日本的航天强国。

斯里哈里科塔发射场

除了航天发射场之外，着陆场也是重要的航天设施。人造卫星之类的航天器基本上都是单次使用，寿命结束之后会坠向地面，并在大气层中被烧毁，但是对载人航天来说，为了航天员和航天器能够安全回到地面，必须要有完善的返回机制，其中着陆场就是其中重要的组成部分。

有些航天发射中心同时具备着陆场的功能，比如我们之前提到的美国肯尼迪航天中心就拥有一片占地广阔的着陆场，主要用于航天飞机的降落。除了航天飞机之外，美国的载人飞船一般选择在海上着陆，这是因为美国拥有广阔的海岸线以及优秀的海上搜救力量，在海上着陆可以大大减少返回舱着陆的冲击力，还能节约返回舱的制造成本。

位于哈萨克斯坦的拜科努尔发射场同样拥有广阔的着陆区域，这里是俄罗斯载人飞船的主要返回区域。

由于中国周边海域的海况比较复杂，采用海上着陆的方式非常困难，所以在载人航天的发展过程中，着陆场选择在内陆广袤的原野上。

内蒙古四子王旗航天着陆场是我国最重要的航天着陆场，它位于内蒙古中部阿木古郎大草原，在蒙古语中，“阿木古郎”是“平安”的意思，这个名字就像是美好的祝福，伴随着中国载人航天的每一次任务。

四子王旗航天着陆场位于中国内陆，海拔 1000~1200 米，地势平坦开阔，没有大的河流湖泊，地表覆盖的主要是沙质草地，全年干燥少雨，空气能见度高，有利于搜救人员对航天员的快速救援，因此成为中国载人飞船着陆的首选着陆场。

在中国载人航天的发展历程中，四子王旗航天着陆场的地位十分重要，从神舟一号到神舟十一号，历代神舟飞船都在四子王旗主着陆场成功着陆，将航天员平安地带回家。

东风着陆场是中国另一座航天着陆场，着陆场范围内的地形复杂多样，涵盖了沙漠、戈壁、山地等多种地形，对进行不同地形的着陆、搜救实验具有十分重要的意义。

在中国载人航天发展过程中的很长一段时间，东风着陆场都是作为四子王旗航天着陆场的备份着陆场存在。由于四子王旗航天着陆场一直运作良好，所以东风着陆场这个“备份”一直没有启用，直到神舟十二号飞船返回时，为了检验东风着陆场的搜索回收能力，将着陆地点调整为东风着陆场。

2021 年 9 月 17 日 13 时，神舟十二号载人飞船返回舱反推发动机成功点火，安全降落在东风着陆场预定区域，这是神舟飞船首次在东风着陆场着陆。随后神舟十三号、神舟十四号载人飞船返回舱也在东风着陆场安全着陆。

03 运载火箭

◇ ……………………

在航天探索中，运载火箭是最重要的运载工具，无论是人造卫星、空间站还是航天飞机，绝大多数都需要搭乘运载火箭才能进入太空完成任务。可以说，没有运载火箭，人类就没有现在的航天科技。

运载火箭的基本原理非常简单，牛顿在 17 世纪提出的“牛顿第三定律”就可以解释火箭的工作原理：相互作用的两个物体之间的作用力和反作用力总是大小相等，方向相反，作用在同一条直线上。火箭发动机将燃料燃烧形成的气流高速喷射而出，获得的反作用力用来推动火箭的高速前进。

中国古代发明了火药之后，很快就出现了以火药为燃料推进的“火箭”，当时的人们将封闭的火药药柱绑在箭矢上，在发射之前点燃，通过火药燃烧喷射出的气流增加箭矢的射程，还可以用附带的火焰引燃易燃的目标，可谓一举两得。不过这种“火箭”的成本比较高，而且保存、使用起来非常麻烦，因为准确性较差，使用的效果也不尽如人意，所以并没有在战争中大规模使用。

除了用作武器，古代的中国人也曾经尝试用火药作为飞天的动力，我们之前提到的万户就是其中的一员。不过由于没有找到合适的方法，这些尝试都以悲剧结果告终。

20 世纪初，在飞机发明的同时，世界各国的科学家已经开始研究将火箭作为航天器的可行性。

1926 年，美国人罗伯特·戈达德成功发射了人类历史上第一枚升空的火箭。

第二次世界大战期间，火箭技术得到了突飞猛进的发展，其中最具代表性的就是 V2 火箭，在战场上给盟军造成了巨大的损失。

随着第二次世界大战的结束，美国和苏联都研制出自己的火箭，人类开始进入航天时代。

早期的火箭都是单级火箭，从起飞到落地都保持一个完整的箭体，比如 V2 火箭就是典型的单级火箭，不过随着研究和实验的深入，人们发现单级火箭在发射一段时间后，随着燃料的不断减少，原本用来存储燃料的容器就成了“多余”的质量，在很大程度上影响了后续的飞行。对于这种浪费，科学家采用了一个简单的解决办法——用光的燃料罐、无用的箭体扔掉就好了。在这种“用完一节扔一节”的思路指导下，多级火箭应运而生。

多级火箭可以看作由数个火箭组合而成的“组合体”，每个火箭都是“一级”，每一级火箭都拥有独立的发动机和燃料箱，发射时从组合体火箭尾部的最初一级点火，升空后每级火箭燃料用完后自动脱落，同时下一级火箭发动机点火开始工作，继续推动飞行器加速前进，这样可以极大地提高火箭的连续飞行能力与最终速度。

相比于单级火箭，多级火箭有很多优势，比如燃料利用效率高、飞行速度快、控制灵活、适应各个轨道发射需求等。多级火箭也有一些缺点，其中最大的缺点是每一级火箭都需要安装发动机，这使得成本增加、火箭结构复杂化。同时，在升空时抛落的火箭残骸可能会对地面造成一定的破坏。不过即便如此，多级火箭仍然是运载火箭发展的未来方向，并且还将会是运载火箭的主要形态。

火箭发动机是运载火箭的核心，燃料在这里进行燃烧反应，生成的工作介质高速喷出，转化成推动火箭飞行的动能。和普通的汽车、飞机发动机不同，火箭发动机不需要空气中的氧气参与燃烧，而是自带氧化剂，所以火箭发动机可以在大气层外的真空中稳定工作。

“比冲”是衡量火箭发动机性能的重要指标，指的是单位质量的推进剂产生的冲量，一般来说，比冲的值越大，火箭发动机的性能越好。

火箭发动机

运载火箭使用的燃料可以分为燃烧剂和氧化剂，两者混合才能够进行燃烧反应释放能量，因此习惯上把这两者统称为火箭燃料，也叫“推进剂”。

根据燃料的物理状态不同，火箭使用的燃料可以分为液体燃料和固体燃料。

早期的火箭使用的都是液态燃料，比如现代火箭的鼻祖 V2 火箭使用甲醇和液氧作为燃料，液态氢、乙醇、高浓度水合肼、二甲肼、甲烷等物质都可用作火箭燃料使用。

固态火箭燃料的成分包括硼氢化钠、二聚酸二异氰酸酯、二茂铁及其衍生物等化合物，以及例如锂、铍、镁、铝、硼等金属或非金属，这些物质按照一定的比例混合在一起，制成一定的形状，就可以作为火箭推进剂使用。相比于液态燃料，固体推进剂在燃烧时可以放出巨大的热量，但在燃烧时会产生冒烟、氧化物沉积等问题。

有些火箭燃料具有毒性，比如二甲肼就是一种强烈的致癌物，在火箭发射的过程中燃烧产生的废气和燃烧不充分的燃料会对周围造成严重的污染。近年来，随着人们环境保护意识的提高，在追求火箭燃料性能的同时也注意环境保护，所以一些容易造成严重污染的火箭燃料正逐渐被淘汰。

从理论上来说，液态氢是理想的火箭燃料，液态氢与液态氧燃烧后的产物是水，不会造成任何污染，而且液态氢与液态氧混合燃烧产生的比冲量可以达到350，如果使用液态臭氧或者液态氟作为氧化剂，可以将比冲量提高到370左右。不过液态氢具有很高的不稳定性，容易发生泄漏，而且会使存储罐的金属壁逐渐发生“脆化”反应，很难长期稳定存储，一般都是在火箭发射前进行加注。虽然液态氢的缺点很多，不过仍是具有广阔前景的火箭燃料。近年来，各大航天强国都在氢燃料的应用方面加大了研究投入，其中一些研究成果已经逐渐开始应用在我们的日常生活中，氢能源汽车就是其中之一。

根据运载能力的不同，运载火箭可以划分为小型火箭、中型火箭和重型火箭，负责运送不同大小的载荷进入不同的轨道。

一般来说，近地轨道运载能力小于2吨的运载火箭被称为小型运载火箭，主要用于将微型、小型卫星送入太空，由于发射成本低，而且发射准备相对简单，可以在短时间内完成准备工作发射升空，因此在航天发射中占据了很大的部分，特别是商业航天领域很多卫星的发射都是采用小型运载火箭。

近地轨道运载能力在2吨至20吨之间的运载火箭是中型运载火箭，对于航天强国来说，这一类型的运载火箭需求最大，大型卫星、小型地外探测器、空间站小型组件、货运飞船等，都是由此类运载火箭送入太空的。

大型运载火箭也叫重型运载火箭，其近地轨道运载能力超过20吨，是火箭中的大力士，负责运输大型的空间站组件、载人飞船等特别沉重的载荷，除此之外，它们也是人类未来探索其他星球的急先锋。目前，地球上只有中、美、俄三个航天强国具备研制、使用大型运载火箭的能力。

经过多年的发展，世界各国的运载火箭都形成了自己的系列，同一个系列中往往包含小型、中型、重型运载火箭在内的多种型号。

苏联的“东方”是人类第一个运载火箭系列，由苏联的R-7弹道导弹发展而来，包括“卫星”“月球”“东方”“上升”“闪电”“联盟”“进步”等型号，其中“上升”“闪电”“联盟”“进步”火箭构成了“联盟”系列，是“东方”的子系列。在苏联解体之后，其航天科技实力大部分被俄罗斯继承下来，其中就包括“东方”系列运载火箭及其子系列“联盟”运载火箭。目前为止，“东方”系列运载火箭仍然是发射次数最多的运载火箭系列。

德尔塔Ⅳ重型火箭

与苏联的航天发展全部由国家进行组织不同，美国的航天发展在很大程度上实现了政府和企业的合作，因为合作企业的不同，产生了多个火箭系列，比如通用公司制造的“宇宙神”系列运载火箭，科麦道公司研制生产的“德尔塔”系列运载火箭，马丁·玛丽埃特公司研制生产的“大力神”系列运载火箭，以及现在太空探索公司 SpaceX 研发制造的“猎鹰”系列运载火箭等，不过这其中最具传奇色彩的还得算是将人类送上月球的“土星”系列火箭。

1957 年，苏联发射了第一颗人造卫星，随后不久又将第一位航天员加加林送入了太空，这让美国人感到恐慌，于是，当时的美国总统下令大力发展航天技术，其中最重要的一点就是要抢在苏联人之前把人送上月球。为了完成这个目标，“土星”系列运载火箭应运而生。“土星”系列运载火箭的主要设计者是冯·布劳恩，也就是我们之前提到过的那位“德国V2导弹之父”。

冯·布劳恩

最初的“土星”系列运载火箭是土星1号，不过其推力不足以将载荷送入月球轨道，经过一系列研究、实验和改进，最终定型的是土星5号运载火箭。波音公司负责了土星5号运载火箭的制造工作。

即使以今天的标准来看，土星5号运载火箭也完全称得上是人类工业史上的一个奇迹，其高度达到了惊人的110.6米，起飞重量3038.5吨，近地轨道运载能力高达118吨，能够将包括航天员在内的45吨载荷送入月球轨道。

1967年11月9日，土星5号运载火箭进行了首次实验飞行，取得了圆满成功。

1968年12月21日，携带着阿波罗8号飞船和3名航天员的土星5号飞船抵达月球，完成了人类第一次绕月飞行，随后又7次将飞船送到月球。

1973年5月，土星5号运载火箭将太空实验室送入近地轨道，这是该系列火箭的最后一次飞行。

在这五年多的时间里，土星5号运载火箭一共发射了17次，成功率达到了惊人的100%，完成了首次将人类送到月球的伟大成就，在其退役之后，“登月”这项伟业也就成了无法再现的绝唱，直到今天仍是如此。

一般认为，土星5号的退役主要是因为资金。据计算，从1964年立项到1973年停飞，美国政府一共为土星5号项目拨款超过65亿美元，而阿波罗计划的总耗资更是达到了惊人的240亿美元，随着美苏航天竞争的降温，美国政府不愿意再负担如此高昂的费用，所以选择停止了阿波罗计划，土星5号也因此退役。

中国的运载火箭系列名为“长征”，这个名字既是对革命先辈征程的纪念，也是对中国航天过去道路的总结，以及对未来的期许。

20世纪50年代，美苏航天技术竞争方兴未艾，当时的中国已经开始意识到航天科技对未来的重要性，以及拥有自己航天技术的迫切性，并开始加大在这方面的投入，不过由于当时国家一穷二白的实际情况，中国航天想要从零起步可谓举步维艰。

幸运的是，此时中苏之间签订了“新技术协定”，苏联开始对中国进行大规模的援助，其中就包括弹道导弹、运载火箭的制造技术援助。1957年12月24日，102名苏联火箭技术专家乘坐专列来到了中国，开始帮助中国展开相关的设计、制造等工作，如果顺利的话，中国将在苏联的帮助下进入航天时代。

然而好景不长，随着中苏关系迅速恶化，1960年，苏联单方面撕毁援助协议，撤走了全部援助专家，同时带走了全部图纸。

苏联专家的撤离对中国航天发展造成了沉重的打击，但并没有阻止中国人前进的脚步，从此以后，中国航天人开始坚定不移地走上了自主研发的道路。

苏联专家撤走之后不久，中国用自产的燃料发射了一枚苏制P2导弹，两个月之后，中国仿制的火箭成功升空，这枚火箭被命名为东风一号，也就是著名的东风系列导弹的鼻祖。

失去了苏联的技术支持，再加上国内工业落后的现实情况，导致中国航天技术的发展阻力重重，不过在中国老一辈航天人的努力下，中国航天在艰难中负重前行，取得了举世瞩目的成就。

1966年5月，中国正在研发的第一颗人造地球卫星被定名为东方红一号，同时定名的还有将其送入太空的运载火箭——长征一号，这就是历史上第一枚长征系列火箭，从此中国拥有了自己的运载火箭系列。

1970年4月24日，长征一号发射升空，成功将东方红一号卫星送入预定轨道，这标志着中国正式进入了航天时代。

长征一号及其后的长征二号是第一代长征系列火箭，这一代长征系列火箭是由战略导弹改装而成，这两个型号的长征火箭身上具有鲜明的战略武器特征。

第二代长征系列火箭包括长征二号丙系列、长征二号丁、长征三号、长征二号E等型号，第二代的长征火箭由长征二号改进而来，以长征二号丙型火箭作为基础型，第二代长征系列火箭开始采用数字控制系统，使用的推进剂为有毒的四氧化二氮和偏二甲肼。

第三代长征系列火箭包括长征二号F、长征三号甲系列、长征四号系列，这一代长征系列火箭在第二代基础上继续进行了技术改进，增加了三子级，采用系统级冗余的数字控制系统，开始运用故障检测和逃逸系统，这些改进提高了运载火箭整体的可靠性，使得运载火箭的适应能力得到了极大提高。

长征七号

第四代长征系列火箭包括长征五号系列、长征六号系列、长征七号系列、长征八号系列、长征九号系列、长征十一号系列等型号。经过多年的技术积累，第四代长征系列火箭已经成为一个庞大的家族，采用统一总线技术和先进的电气设备，运载能力得到了大幅提升，为包括载人航天、地外探测等航天任务提供了解决方案。在运载能力提升的同时，长征系列运载火箭还开始使用无毒、无污染的环保型推进剂，为保护地球环境做出了努力。

长征九号运载火箭是长征系列火箭家族即将登场的新成员，根据计划，将在 2030 年左右进行首飞。长征九号运载火箭的近地轨道运载能力超过 100 吨，是名副其实的重型火箭，负责执行载人月球探测、深空探测等航天任务，其综合性能指标达到国际运载火箭的先进水平。长征九号运载火箭的出现，是中国成为航天强国的重要标志。

04 火箭乘客

◇ ....

运载火箭是航天的基础，可以说，没有运载火箭就没有航天科技的发展，不过只有运载火箭并不能起到任何作用，运载火箭存在的意义很明确，就是把人造卫星、载人飞船、空间站、外空探测器等大大小小的装置送上太空，这些搭乘火箭飞向太空的东西种类繁多，不过可以统称为“有效载荷”。

航天器有效载荷是航天器在轨发挥最终航天使命的最重要的一个分系统。航天器上装载的为直接实现航天器在轨运行要完成特定任务的仪器、设备、人员、试验生物及试件等，都属于有效荷载。

对有效载荷选择和设计的最终功能和性能的品质将直接影响最终特定航天任务实现的品质，不仅如此，连航天者的生命，都需要依靠有效荷载来保障。

《冷酷的方程式》是美国科幻作家汤姆·戈德温创作的短篇小说，1954 年发表于《惊奇杂志》，被认为是 1965 年以前科幻小说界最好的作品之一。作品讲述了在太空拓荒时代，宇航员巴顿为了援救边疆行星沃登上突发急病的六位科考队员，驾驶应急快递飞船前去运送退热血清，途中他发现船上有一位偷渡者，这位偷渡者是一位惹人怜爱的天真女孩，为了看望十年未见的哥哥而想要偷渡去沃登行星。然而，星际法规第 8 款第 50 条明文规定：在应急快递飞船里发现的任何偷乘者在发现之后立刻抛弃船外。

太空边远地区的严酷环境迫使人们不得不制定这样一条绝对必要的法律。随着超太空旅行的发展，人类广泛地分散于边远地区，当日程上没有安排探访的某个世界发生紧急情况的时候，必须采用某种方法运送补给品或者援助人员，于是人们开发出了应急快递飞船。它们用轻金属和塑料制成，由小型火箭驱动，计算机决定每艘应急快递飞船完成其飞行任务所必需的准确数量的燃料。计算机运算极其精确，航线坐标、应急快递飞船的质量以及驾驶员和货物的质量等都有严格的数值，因而绝对不允许存在偷乘者多余的质量。简言之，严酷的环境决定了应急快递飞船必须应有绝对精确的有效荷载，为此，一切偷渡者的最终命运，只能是被抛弃在宇宙空间。

小说的结局是这样的：在想尽一切办法后，为了避免机毁人亡并连累六个仍等待着救命药品的科考队员，驾驶员不得不将这位少女从气密舱抛出了飞船。

再没有哪个故事能像《冷酷的方程式》这样，对于有效荷载的作用阐述得如此清楚明白了。精确的有效荷载是保证航天任务顺利完成的有力手段。

航天器的性质和功能主要是由有效载荷决定的，不同类型的有效载荷其具体研制要求不同。最终，这些航天器都将搭乘火箭进入太空，完成既定的空间航天任务。

（1）人造卫星

人造卫星

从数量上来说，人造卫星是人类送入太空最多的物体，根据统计，人造卫星在人类所有航天发射中超过了90%，也就是说，十次运载火箭升空，其中九次装载的都是人造卫星。

顾名思义，人造卫星就是“人造”的“卫星”。根据天文学的定义，卫星指的是围绕行星运行的天体，比如月亮就是地球的卫星，而人造卫星则是由人工制造而成、围绕地球运行的天体。相比月亮，人造卫星的体积和质量都要小得多，当然它们与地球之间的距离也要近得多。

经过多年来各国科学家的不懈努力，人造卫星已经发展出许多不同的型号，飞行在地球周围不同高度的轨道上，具备各种强大而神奇的能力，在工业、农业、国防等各个方面发挥着重要的作用。

根据在地球周围的运行轨道不同，人造卫星可以分为低轨道卫星、中高轨道卫星、地球同步轨道卫星、地球静止轨道卫星等类型。

低轨道卫星的轨道高度在200千米到2000千米之间，这个高度的大气浓度仍然比较高，对于卫星飞行的影响非常大，运行在这个高度轨道上的卫星必须消耗燃料来保持飞行速度、提升高度，因此寿命都不长，一般在几天到几十天左右，不过低轨道卫星距离地面比较近，可以近距离地观察地面物体，很适合进行高分辨率地面图像的拍摄，而且很难被发现及拦截，因此在军事侦察方面应用广泛。

低轨道卫星

中高轨道卫星运行在2000千米到20000千米左右的太空轨道上，相比于低轨道卫星，中高轨道范围内的大气浓度要低得多，不过仍然会对卫星造成一定的影响。中高轨道卫星可以轻易地覆盖大片的地面区域，所以用途很广泛，在卫星通信、地面勘测、气象监测等方面发挥着重要的作用。

当人造卫星的运行轨道达到一定高度时，卫星运转的速度和地球自转的速度相近，这个卫星轨道称为“地球同步轨道”，运行在地球同步轨道上的卫星在每天的同一时刻经过地面上的同一个地点上空。当地球同步卫星的轨道与地球赤道在同一平面上时，从地面上观察的话，人造卫星看起来就像是静止的一样，这个轨道被称作“地球静止轨道”，高度约为3.6万千米，运行在这个轨道上的卫星称为“地球静止卫星”，而当同步卫星的轨道面与地球赤道垂直时，则会从地球的两极地区通过，因此称其为“极地轨道同步卫星”。地球同步卫星和地球静止卫星能够做到在同一区域内连续、有规律地开展工作，在信号广播、数据中继、导航、气象监测等方面的工作上具有极大优势。

根据设计用途不同，人造卫星可以分为科学卫星、技术试验卫星和应用卫星。

科学卫星的用途是进行科学探测和研究，根据研究项目和用途的不同，可以分为空间物理探测卫星、天文卫星、生物卫星和空间微重力试验卫星等种类，不同种类的科学卫星上会按照需要安装望远镜、光谱仪、盖革计数器、电离计、压力测量仪和磁强计等观测、测量、分析和试验仪器，进行高层大气、地球辐射带、地球磁层、宇宙线、太阳辐射和极光等空间环境的科学探测和研究，或者对地球、月球、太阳及其他天体进行观测，有些科学卫星还能够进行空间生物试验和空间微重力试验。

在航天时代来临前，人类在大气层的保护下，对大气层之外的宇宙空间可谓一无所知。如果想要研究大气层外的宇宙，科学实验卫星是最经济、最可行的手段。在世界各大航天强国的发展道路上，都曾经发射过许多科学卫星，获得了大量有关空间物理环境、多种天体和空间物质的宝贵资料，取得了丰硕的科学探索和科学研究成果，对人类认识太空、进入太空、利用太空发挥了重要作用。

科学探测卫星悟空号

美国发射的第一颗卫星探险者号就是一颗科学探测卫星，也是“探险者”系列科学卫星的鼻祖，这个系列的科学卫星外形和内部结构都差别很大，运行轨道的高低、远近也不同，主要用于探测地球大气层和电离层，包括地球高空磁场、太阳辐射、太阳风对地球的影响，还用于探测行星际空间。我们熟悉的哈勃望远镜就可以看作一颗科学卫星。

作为美国的老对手，苏联也有自己的科学卫星系列，也就是“电子”系列科学卫星，该系列卫星的主要任务是研究进入地球内外辐射带的粒子以及相关的各种空间物理现象，装备有高、低灵敏度的磁强计，低能粒子分析器，质子检测器，太阳X射线计数器等研究宇宙辐射成分的仪器。

从某种意义上来说，技术试验卫星其实也可以算作一种科学卫星，不过与其他科学卫星用于多种研究不同，技术试验卫星专注于卫星技术的研究和实验。一般来说，一项新的卫星技术诞生之后，需要经过多次验证确定没有问题，才能正式投入使用，技术应用卫星就是为了验证新技术而存在的，其最大的优势是价格相对较低，就算技术验证失败损失也比较小。

苏联发射的第一颗人造卫星斯普特尼克 1 号就是一颗技术试验卫星，检验了人造卫星这项技术本身的可行性，为后续人造卫星的发展奠定了基础。美国也发射过许多技术试验卫星，比如为了验证卫星返回和回收技术，美国曾经发射过 12 颗技术试验卫星。

随着卫星技术的不断发展，技术试验卫星和其他卫星的区别正在逐渐变得模糊，许多科学卫星都会承担一定的卫星技术试验任务，而技术试验卫星也往往具有科学卫星的功能，甚至在某些应用卫星上也会进行新技术的试验。

中国的“实践”系列卫星既是技术试验卫星，又是科学探测卫星，比如实践二号、实践二号甲和实践二号乙是用一枚火箭同时发射的三颗卫星，验证了“一箭三星”的发射技术，还用于试验太阳电池阵对日定向姿态控制、大容量数据存储等新技术，同时这三颗卫星上还搭载有探测仪器，负担着探测空间环境的任务。

在人造卫星的整个族群中，应用卫星占据了绝大多数，运载火箭发射到太空的卫星中大多数都是应用卫星。顾名思义，应用卫星就是具有“应用”价值的卫星，所有具有在经济、军事等方面功能的人造卫星都可以称为应用卫星。

根据用途不同，应用卫星可以分为三类，分别是无线电信号中继、对地观测平台和导航定位基准。

具有无线电中继功能的主要包括通信卫星、搜救卫星等种类，这一类卫星大部分运行在静止轨道上，还有一些采用大椭圆轨道，卫星上装有工作在各种频段的转发器和天线，转发来自地面、海上、空中和低轨道卫星的无线电信号，用于传输电话、电报、电视广播节目和数据。

通信卫星是卫星通信系统的重要组成部分，它就像是一个勤劳的快递员，收集来自地面的数据流，然后“投递”到相应的目的地。

按运行轨道不同，通信卫星可以分为地球静止轨道通信卫星、大椭圆轨道通信卫星、中轨道通信卫星和低轨道通信卫星；按服务区域不同分为国际通信卫星、区域通信卫星和国内通信卫星；按用途的不同可以分为军用通信卫星、民用通信卫星和商业通信卫星；还可以按通信业务种类的不同分为固定通信卫星、移动通信卫星、电视广播卫星、海事通信卫星、跟踪和数据中继卫星等种类。

通信卫星一般运行在地球静止轨道上，位于地球赤道上空约3.6万千米，在这条轨道上以每秒3075米的速度自西向东绕地球旋转，绕地球一周的时间与地球自转一周的时间相等，所以从地面上观察，这颗卫星在天空中的位置始终不变，地面接收站的天线可以很容易地对准卫星进行不间断地通信。

由于静止轨道通信卫星的轨道非常高，所以能够覆盖广大的地表区域，根据计算，一颗静止轨道通信卫星就可以负责地表三分之一区域的通信，也就是说，理论上如果在地球静止轨道上均匀地放置三颗通信卫星，就可以实现除南北极之外的全球通信。当卫星接收到从一个地面站发来的微弱无线电信号后，会把它进行转换放大，然后发到另一个地面站，或传送到另一颗通信卫星上后，再发到地球另一侧的地面站上，这样就实现了全球高效通信。

人造卫星是非常高效的对地观测平台，利用人造卫星的高度和速度优势，可以相对容易地覆盖大片的地表区域，对其进行观察、测绘，这类人造卫星包括气象卫星、资源卫星等种类，虽然它们的功能各有侧重，但基本观测原理都是相似的。

气象卫星的观测对象是云层、海洋和地表，上面搭载着多种气象遥感器，用来接收和测量地球及其大气层的可见光、红外和微波辐射，并将这些数据回传给地面的测控站，经过处理之后，这些数据就变成了云层分布图、海洋温度图等气象资料，为气象预报、灾害预警等提供重要的数据支持，在预报台风等灾害性天气、保证航海和航空的安全、保证农业生产等方面都起到了重大作用。

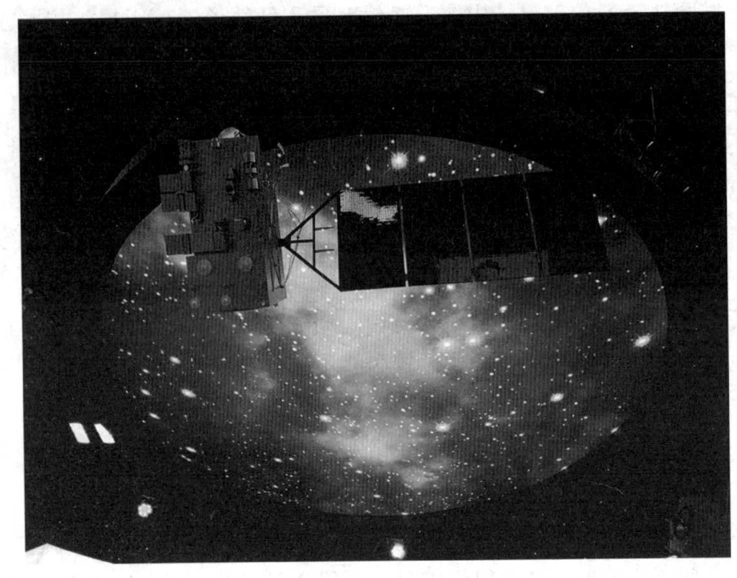

风云三号气象卫星

资源卫星是从气象卫星发展而来的，主要用于勘测和研究地球蕴含的自然资源，其上搭载着多光谱遥感设备，能够接收地球各种资源物资辐射和反射的各种电磁波，从而确定各种资源的分布、储量、状态等信息，广泛用于地下矿藏、海洋资源和地下水源调查；土地资源调查，土地利用，区域规划；调查农业、林业、畜牧业和水利资源合理规划管理；预报农作物长势和收成；研究自然植物的生成和地貌；考查和监视各种自然灾害如病虫害、森林火灾、洪水等；环境污染、海洋污染；测量水源、雪源；铁路、公路选线，港口建设，海岸利用和管理，城市规划等方面。资源卫星提供的大量数据，为资源开发、利用和保护提供了可靠的依据。

导航卫星是为地面、海洋、空中和空间用户导航定位的人造卫星，上面携带了高稳定度时钟、遥控接收机、计算机和播发导航信号的发射机等提供导航定位信息的设备，采用单向广播的工作方式向地面发射信号。地面上的导航装置，比如我们的手机，会使用接收到的导航卫星无线电导航信号测算自己所在的位置，然后使用软件计算出目标路线、行进速度、所需时间等行程信息。一颗或者少数几颗导航卫星无法为导航装置提供足够的数据计算出当前的位置，所以导航卫星需要数十颗组成“星座”来提供位置信息，这是一项庞大而复杂的工程，只有航天技术足够强大的国家才有能力完成。美国的全球定位系统、中国的北斗系统、俄罗斯的格洛纳斯系统、欧盟的伽利略系统等都是有代表性的全球性卫星导航定位系统，印度和日本也拥有自己的区域性卫星定位系统。

导航卫星

除了应用在经济生活的各个领域，人造卫星还被广泛应用在军事领域，或者可以这么说，最早的人造卫星就是为了实现军事功能而研发出来的，这些卫星被统称为军事卫星。

侦察卫星是最常见的军事卫星，大多用于情报用途，用于获取在军事、经济方面有价值的目标信息，上面一般会装备光电传感器和无线电接收装置，除了搜集目标的位置、数量等看得见的信息之外，也能拦截目标发送、接收的无线电信息等看不见的信息。收集到的信息被记录在硬盘、磁带等存储介质上，可以通过无线电传输回地面控制站，也可以通过返回舱系统直接带回地面。美国著名的

“锁眼”系列人造卫星就是侦察卫星，可以从太空中拍摄到清晰度惊人的地面图像。在军事侦察方面，侦察卫星所提供的情报信息起到了重要的作用，据报道，美国和苏联将近70%的军事情报来源于侦察卫星，为这两个国家的政策制定和军事行动提供了重要依据。

除了侦察卫星之外，轨道武器卫星也是一种重要的军事卫星。由于卫星位于距离地面数百至数万千米的高空，远超普通防空武器的射程，所以想要拦截其攻击非常困难，从理论上来说是一个理想的发起攻击的平台。

美国和苏联都曾经研究过搭载在卫星上的对地攻击系统，这类武器系统被称为“轨道轰炸系统”，可以从卫星轨道直接对地面进行轰炸。

传说中，美国曾经研究过一种名为“上帝之杖”的卫星轰炸系统，所谓“上帝之杖”，指的是一种直径30厘米、长6.1米、重量达数吨的钨合金棒，由卫星携带在轨道上运行，一旦发射，将会在卫星的指导下，利用火箭加速和重力势能加速从天而降，利用自身的庞大动能攻击目标，可以做到覆盖全球的快速、精准打击。不过由于成本、难度和便捷性等方面的限制，“上帝之杖”目前仍然只是一个设想，没有实际应用的案例。

有矛就有盾，既然人造卫星在军事上具有这么大的优势，反卫星的手段肯定也会成为各个国家研究的重点，从20世纪50年代第一颗卫星上天起，反卫星的研究就一直没有停止过，美国和苏联都曾经进行过反卫星实验，并取得了成功。由于人造卫星位于普通防空武器难以抵达的太空中，因此最有效率的反卫星平台还是卫星，这种以识别、拦截或者摧毁地方卫星为目的的卫星有一个颇有些拗口的名字——“反卫星卫星”。反卫星卫星既可以通过爆炸、激光、辐射、碰撞等方式破坏目标卫星，也可以通过喷射物质覆盖相机镜头等“软杀伤”的方式使目标卫星失去工作能力。

虽然人造卫星最早是出于军事目的研发出来的，但经过这些年的发展，人造卫星已经成为各个领域不可或缺的组成部分，甚至可以说，人造卫星的出现让人类的科技在许多方面出现了飞跃性的发展，对地球的认识更加全面、精细和深入，出行也更加方便。

（2）载人飞船

在第一颗人造卫星发射升空、成功入轨之后，当时的人们就开始计划将人类送上太空，不过与不需要呼吸、可以在充满宇宙辐射的真空中工作的人造卫星相比，人类的身躯要脆弱得多，完全无法在太空中生存。另外，大部分人造卫星不需要回收，基本上都是在坠毁时烧毁在大气层中，而航天员必须安全返回地面。

为了在太空航行中保护航天员，人们研制出了专门的航天器——载人飞船，这是一种专门用来运送航天员到达太空并安全返回的航天器。和人造卫星一样，载人飞船也是用运载火箭发射升空的，不过考虑到航天员的生理、心理承受力，载人飞船的工作时间一般比较短，大概是几天到半个月。除了独立运载航天员在太空中开展工作之外，载人飞船还承担着空间站人员的运输任务。

相比于人造卫星，载人飞船的最大特点是有载人能力，装备有维持航天员生存的装置。一般来说，载人飞船的结构可以分为几个舱段，比如轨道舱、返回舱，如果航天任务中有出舱需求，就需要装备气闸舱，如果需要和其他航天器进行对接，则需要专门的对接装置。

轨道舱是载人飞船的重要舱段，是航天员在太空飞行中进行科学实验、进餐、体育锻炼、睡觉和休息的空间，其中备有食物、水、睡袋、废物收集装置、观察仪器和通信设备等装置，在有些载人飞船的设计中，轨道舱还可以作为航天员出舱活动时的气闸舱使用。

服务舱也可称“仪器设备舱”，前端与返回舱相连，后端与运载火箭相接，内部装有环境控制、推进控制系统和通信设备等装置，外部安装有变轨发动机、辐射散热器和太阳能电池板等装置，为飞船提供动力和能源支持。

返回舱是航天员在飞船发射和返回时所在的舱室，这里设有飞船的控制装置，以及供航天员乘坐的座椅。在飞船的起飞阶段和返回阶段，航天员都是半躺在返回舱内的座椅上，通过座椅前方的各种仪表监控飞行情况，座椅前方会安装控制装置，当飞船的自动控制装置失灵时，航天员可以进行手动调整。

在飞船返回地面之前，返回舱会与轨道舱、服务舱分离，带着航天员返回地面，而轨道舱和服务舱则会在再入大气层过程中焚毁。

宇宙飞船返回舱

载人飞船在航天科技的发展中具有重要的意义，可以研究人类在空间飞行过程中的反应，观察飞船起飞、轨道飞行时以及返回大气层时重力变化对人类的影响，对在太空环境中长期生存所必须的条件与设备进行实验，了解太空环境对人身体的影响，为人类开发和利用太空资源以及未来长时间的太空航行积累经验。

除了对航天科技自身的意义，载人飞船在其他科学领域也拥有重要的意义，利用空间微重力、高真空和强宇宙粒子辐射等太空资源，进行微重力条件下的科学试验，生产地面所不能生产的材料，几十年来航天员在“太空实验室”里所取得的成果，为材料科学、生命科学、工程技术等领域的发展提供了重要的推动力。

（3）空间站

空间站也叫航天站，是人类建造的运行在地球轨道上的太空飞行器。空间站可以在近地轨道长时间运行，为航天员提供长期工作和生活的环境，被称作“人类的太空家园”。

空间站的概念出现得非常早，早在1869年，《大西洋月刊》就曾经刊登过一篇名为《用砖搭建的月球》的文章，其中就提出了类似空间站的设想。第二次世界大战期间的德国科学家曾研究过名为“太阳炮”的地球轨道兵器，按照当时的设想，这种兵器就是搭载在地球轨道空间站上的。

根据空间站的构造不同，可以分为单模块空间站和多模块空间站两种。

单模块空间站可由航天运载器一次发射入轨，以一个载人生活舱为主体，再加上有不同用途的舱段，如工作实验舱、科学仪器舱等。

多模块空间站则由航天运载器分批将各模块送入轨道，在太空中将各模块组装而成，根据不同的需求，各个模块分别提供多种多样的功能。

空间站外部装有太阳能电池板，用来为空间站供能，还设有对接口以实现与其他航天器的对接。

目前人类所有发射过的空间站都不具有返回地面的功能，相当于一个驻留在地球轨道上的大型实验室，航天员通过载人飞船在空间站和地球之间往返，各种物资则通过货运飞船运输。

中国空间站

相比于使用载人空间飞船进行各种空间实验，空间站具有很大的优势，其中最重要的一点就是经济性。空间站用于太空实验，载人飞船则成为运送航天员的工具，两者的功能、结构都可以进行一定程度的简化，从而降低设计、制造的难度，减少费用的支出。

空间站在轨运行时，如果没有航天员驻留，可以选择进入无人运行模式，减少能源和各种物资的消耗，当航天员抵达时，可以通过遥控提前将空间站转入载人运行模式，也可以由航天员手动开启。

空间站发生故障时，可以由航天员在太空中进行维修，也可以更换有问题的部件或者模块，从而延长空间站的使用寿命，这使得空间站能在太空中进行数月甚至数年、数十年的长期飞行，保证太空科研工作的连续性和深入性，对研究的逐步深化和提高科研质量有重要意义。

空间站运行在数百千米高的轨道上，理论上来说可以一直围绕地球运行下去，但是实际上这个高度仍然存在大气分了，会对空间站的运行造成影响，使其运行轨道的高度逐渐降低，所以每过一段时间，就需要对空间站的轨道高度进行调整。

为了调整轨道高度和飞行姿态，空间站上装备有火箭发动机，也可以借助对接飞船的发动机进行调整，比如国际空间站在早期就曾经借助美国航天飞机进行轨道和姿态调整，后来美国航天飞机退役之后，就使用与其对接的载人飞船或者货运飞船进行调整。据计算，为了让国际空间站保持在预定轨道上，每年大概需要 7.5 吨燃料，而将这些燃料运上国际空间站需要花费 2 亿美元。

为了解决这个问题，中国空间站配备了四台霍尔推进器，这种推进器不需要使用化学燃料，而是使用惰性气体氙作为推进剂，使用磁场产生的电场将带电离子进行加速，形成等离子体射流，以此推动飞船前进。

中国空间站上装备的霍尔推进器每台推力只有 80 毫牛，这个推力在地球上只能推动一张纸，但在太空完全够用了，因为太空处于失重环境，而且几乎没有阻力，所以只要很小的推力就能推动庞大的空间站。霍尔推进器最大的优势就是节省“燃料”，连续工作数年消耗的推进剂大概只有几十千克，对于太空航行来说，这是一个巨大的优势。

（4）深空探测器

截至目前，无论是人造卫星、载人飞船还是空间站，这些人类制造并发射的航天器绝大多数都运行在地球轨道上，是地球的“卫星”，不过人们对于更遥远太空的好奇从没有减弱。作为人类保护地球、进入宇宙、寻找新的生活家园的手段，深空探测是航天领域最受瞩目的未来之星。

通过深空探测，能帮助人类研究太阳系及宇宙的起源、演变和现状，进一步认识地球环境的形成和演变，认识空间现象和地球自然系统之间的关系。从现实和长远来看，对深空的探测和开发具有十分重要的科学和经济意义。深空探测将是21世纪人类进行空间资源开发与利用、空间科学与技术创新的重要途径。

为了能够探索那片无尽的星空，地球人研发制造并发射了许多探测器，这些探测器作为人类的先驱，前往无尽深空进行探索，所以被称为“深空探测器”，也叫“空间探测器”或“宇宙探测器”。

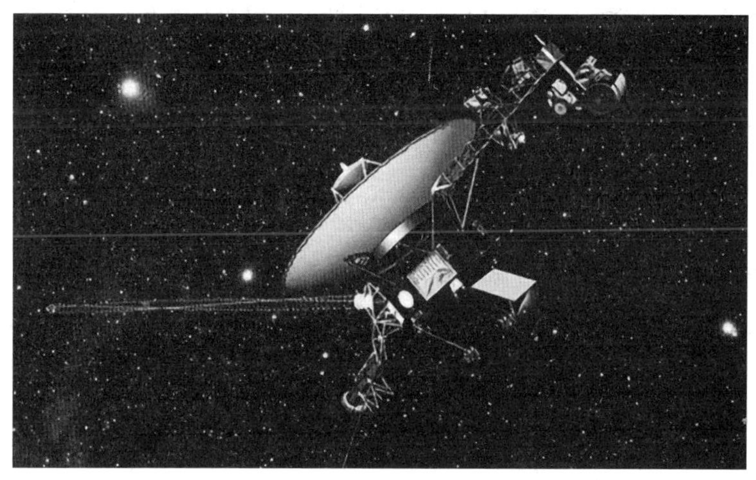

旅行者1号深空探测器

根据牛顿定律，一个物体要脱离地球引力需要达到“第二宇宙速度”，也就是每秒 11. 2 千米，这也是发射深空探测器所需要的最小速度，而如果想要发射能够离开太阳系的恒星际探测器，则至少需要达到“第三宇宙速度”，也就是每秒 16. 7 千米。

根据探测目标的不同，深空探测器可以分为月球探测器、行星探测器、小行星探测器、太阳探测器、恒星际探测器等种类，而根据探测方式的不同，可以分为飞越、硬着陆、环绕、软着陆、无人采样返回、载人探测等不同的形式。

随着航天科技的不断进步，深空探测取得了一系列关键技术的突破，包括深空轨道设计与优化、自主技术、能源与推进、深空测控通信、新型结构与机构、新型科学载荷技术等。同时深空探测器的功能也日渐完善和复杂，既对同一探测对象采取多种形式的探测，也在一次任务中采用多种手段进行综合探测，从而获取更多、更广泛的数据信息。

在航天科学领域，深空探测具有非常重大的意义，在促进对太阳系及宇宙的形成与演化、生命起源与进化等重大科学问题的研究，推动空间技术的跨越式可持续发展，提升太空航行的能力等方面提供了研究的方向，是当前和未来航天领域的发展重点之一。

05 测控通信

中国有句俗语“断了线的风筝”，用来形容一个人或者一件东西失去了约束和控制，只能漫无目的地四处飘荡。

如果将航天器比作飞翔在天空中的风筝，那测控通信系统就是为其指引方向、进行控制的“风筝线”。

航天器的测控可以分为“测”和“控”两部分，“测”是指对航天器的飞行和工作状态进行跟踪、测量，“控”则是对航天器发出控制指令，也可以说两者同时进行，通信系统则保证了航天器能够顺利地发回数据、接受指令。

航天器测控系统是一个复杂而庞大的体系，通常由指挥控制中心、陆上测控站、海上测量船、测量飞机、跟踪与数据中继卫星等部分组成，通过光学仪器以及无线电设备对航天器进行跟踪测量。

指挥控制中心也叫测控中心，是整个测控系统的核心，也是整个航天发射活动的中枢，各个测控站和其他测控点收集的所有数据都汇聚在这里，测控中心根据这些数据判断航天器的运行状态，并据此对其下达控制指令。

陆上测控站可以分为固定站和活动站两种，任务是直接对航天器进行跟踪测量、遥测、遥控和通信等，拥有包括外测系统、遥测系统、遥控系统、通信系统、电视系统、时间统一系统、计算机系统等在内的各种设备，其中外测系统是测控站的主体部分，其任务是对航天器进行跟踪测量，获取航天器的运动参数，确定航天器的轨道和位置。遥测系统的任务则是接收从航天器发送的关于航天器上设备工作状态、空间环境参数和航天员的生理信息等。测控站将接收到的测量、遥测信息传送给航天控制中心，同时根据航天控制中心的指令与航天器通信，并配合控制中心完成对航天器的控制。在某些特殊时刻，测控站也可根据规定的程序独立实施对航天器的控制。

阿波罗 8 号发射控制中心

海上测量船可以看作在海上活动的测控站，由于地球表面超过70%的区域都被海洋覆盖，而且大部分海洋都是可以自由航行的公海，所以海上测量船的活动区域比陆上测控站大得多，而且续航时间比较长，能够根据需要选择合适的测控地点，从而更有效地完成测控任务。

航天远洋测量船

测量飞机可以进行高速移动，从而获得更大的测控范围，不过续航时间较短，而且受到航线、领空等限制，一般用于短时间内的航天器测控。

跟踪与数据中继卫星是一种专为航天器测控而发射的同步静止轨道卫星，上面装设有跟踪、监测和通信转发所需的各种设备，用以实现对中低轨道上运行的运载火箭、人造卫星、载人飞船、航天飞机等各类航天器进行近乎连续的跟踪，并实时传输包括遥测、遥控、通信以及卫星所搜集的任务数据等各种信息数据。跟踪与数据中继卫星的出现，极大地提升了航天器测控的效率和稳定性，可以说开创了一个新的时代。

测控系统是航天技术的基石，没有完善的测控系统就没有成功的航天发射，所以各个航天强国都非常注重测控系统的建设，将这根“风筝线”牢牢抓在自己手中。

苏联的国土横跨亚欧大陆，是世界上领土最大的国家，这对航天测控站的建设来说是一个巨大的优势。苏联建设的航天测控网包括加里宁格勒飞行控制中心和加里茨恩飞行控制中心，以及在其国土上均匀分布的多个测控站，还有运行在海洋上的多艘测量船。根据公开的资料，20 世纪 80 年代苏联共拥有 11 艘海洋测量船。在“射线”等系列的中继卫星系统协助下，这些测控站之间形成了一个完善的航天测控系统，为苏联的航天发射立下了汗马功劳。在苏联解体之后，这套测控系统大都由俄罗斯继承，其中很多直到今天仍在发挥作用。

在美苏太空争霸的背景下，1958 年到 1971 年间，美国投资近 5 亿美元，建成了一个庞大而复杂的航天测控网，具有跟踪、遥测、遥控、通信和电视传输等功能，为“水星”“双子星座”“阿波罗”等一系列计划提供了强有力的支持。随着跟踪与数据中继卫星系统投入使用后，美国关闭了载人航天测控网的一部分地面站。

中国从 1967 年就开始了航天测控网的建设，并在 1970 年正式投入使用。当初的航天测控通信网的核心是西安卫星测控中心，还包括长春、闽西、厦门、渭南、南宁、喀什在内的六个测控站以及海上的远望号测量船，这些通过专用通信网络连接在一起，构成了中国的航天测控网络。20 世纪 70 年代初，中国航天人使用这一套航天测控网成功地跟踪了中国的第一颗人造地球卫星东方红一号，充分验证了这套测控网络的可靠性。

随着中国航天科技的不断发展，这套航天测控网络也在不断发展和更新，还在技术上与国际主要测控网进行兼容，以便进行国际航天合作。

随着载人航天工程的启动，中国航天测控网又进入了一个新的发展阶段。除了扩充、改造原有测控站的设备和软件之外，还在山东建设了青岛测控站，在国外设立了卡拉奇站、纳米比亚站、马林迪站，研制成功了新型的远望号测量船等，使得整个航天测控网的测控能力有了质的飞跃，为载人航天工程的顺利推进奠定了坚实的基础。

随着空间技术的不断发展，测控通信已从近地测控发展到深空测控，各国都在研究改进航天测控系统使其适应航天技术的发展，为了在未来能够去探索更遥远的星空而努力。

天上宫阙

曾几何时，中国的古人们曾经幻想天上有一座富丽堂皇的“天宫”，玉皇大帝居住在这里，还有天兵天将驻守，各路神仙在玉帝宝座下叩首称臣，一如人间的皇城。

随着科学的进步，人们乘坐飞机、飞船登上了天空，于是我们知道了天上只有日月星辰和无尽虚空，却并没有什么神仙和天宫，虽然明悟，却免不了有些失望。

直到有一天，天空中真的出现了一座“天宫”，也就是空间站。这里虽然没有神仙往来，却有航天员驻留，在数百千米高的天空中守望着地球。在这个天宫里，航天员过着怎样的生活？换句话说，天宫的生活环境是什么样的？航天员们去太空，应该携带些什么？这个问题，或许我们能在著名的科幻大师艾萨克·阿西莫夫的短篇名作《响铃》里找到启示——

路易斯·佩顿是个极其狡猾的罪犯，他心思缜密，并精通先进科技，总是在事先做出严密周全的计划，保证自己能在犯罪后逃脱法律的制裁。这次也一样，他在做好充足准备后去往月球，搞到20多枚价值极高的稀世珍宝“响铃”，并残忍地杀害了同伙康威尔，在返回地球后清除了一切作案痕迹。警察很快注意到佩顿，负责此案的达文波特探长明知佩顿就是凶手，却无法找到证据证明这一判断，无奈他只好去向宇宙地质学家厄尔思教授求教。厄尔思教授让达文波特把佩顿带到他家，略施巧计，诱使佩顿将一只有瑕疵的响铃摔碎在地上，从而证明了佩顿在过去几天内曾离开地球，身处某个比地球的体积要小的星球上，比如说月球。面对无可反驳的事实，佩顿不得不承认了失败。

在《响铃》中，阿西莫夫做出了极其精辟的阐述——第一点是：“一个在空间或月球上旅行的人呼吸地球空气，吃地球食物。不管他在宇宙船上还是穿着宇宙服，他都把地球环境带在他身旁。”此外还有：“地球环境中有一样东西是哪个宇航员也没法带走的，那就是地球表面的引力。”

这部短篇科幻精品给我们的启发就是，去太空跟我们平时去外地出差或旅游完全不同，因为很多东西地球上有，而太空里并没有。因此，我们必须在太空里构建出一个地球环境，以保证航天员的安全，并使他们生活得方便、舒适。这个地球环境包含日常生活的方方面面，衣、食、住、行等都需要考虑到。

01 衣

◇

中国有个成语“天衣无缝”，字面意思是天上的神仙所穿的衣服上没有缝，后来多用来形容完美无缺。这个成语的典故出自五代时期前蜀文人牛峤所著的《灵怪录》中《郭翰》一篇：“太原郭翰，盛暑乘月卧庭中，仰视空中，见有人冉冉而下，直至翰前，曰：‘吾天上织女也。’徐视其衣，并无缝。翰问之，曰：‘天衣本非针线为也。’”

在真正的“天宫”空间站中，航天员所穿的衣服虽然做不到“天衣无缝”，却具有十足的科技含量。

根据用途不同，航天员所穿的航天服可以分为日常服装和航天服。

在空间站的正常运行期间，舱室内的温度、湿度和气压与地面上差距不大，适宜人类生活和工作，所以航天员在舱内活动的时候穿着相对随意，在休闲或者锻炼的时间可以按照自己喜好的舒适程度选择衣物，所以在电视上经常可以见到空间站的航天员穿着宽松的T恤，在空间站里飘来飘去。

由于航天员在空间站内需要承担繁重的工作，为了在工作过程中为航天员提供一定程度的保护，他们在空间站舱内进行工作时会穿着“舱内工作服”，这也是航天员的“正装”，在进行“天地连线”或者接受采访时，他们都会身着这种服装。而在某些特殊的节日，航天员也会换上具有节日特色的特殊服装，与地面上的人们一起欢庆佳节。

航天员进行在轨体检，或者进行医学实验时，会选择身穿实验服，这种衣服上有尼龙搭扣和拉链，方便航天员进行检查时的操作，具有很强的实用性。

由于太空中没有重力，长期在失重状态生活的航天员会面临肌肉退化萎缩的困扰。为了避免这种情况出现，空间站里的航天员会穿着“失重防护服”，也被称为“企鹅服”。这种衣服在内部安装了类似拉力器的弹性结构，在航天员运动的时候起到收缩挤压的作用，可以在一定程度上模拟地球重力对肌肉的影响，让肌肉进行高强度的工作，从而避免肌肉萎缩的发生。

相比于日常穿着的服装，航天服才是航天员真正的“战袍”，也是他们翱翔天际的可靠伙伴。

按照用途的不同，航天服可以分为舱内航天服和舱外航天服两种。

顾名思义，舱内航天服就是航天员在航天器内使用的航天服，和普通的工作服不同，舱内航天服具有很多功能，一般是按照每个航天员的体型量身定做，具备加压、控温、供氧等一系列功能。

舱内航天服由喷气式战斗机飞行员的“压力防护服”改进发展而来，这类防护服一般由橡胶制成，表面覆盖有硬质织物，飞机加压舱一旦失压，连接防护服的软管会从飞船内氧气供应装置向防护服中输送氧气，从而使防护服内部保持一定的压力，在极端高度的低压、低氧环境下保护飞行员的生命安全。

现代的舱内航天服一般由航天头盔、压力服、通风和供氧软管、可脱戴的手套、靴子等零件组成，当这些零件在航天员身上组合在一起时，就会形成一个密闭的空间，并通过管线与飞船相连，由飞船提供电力和氧气的供应，保证其中的航天员身处在一个稳定、适合的小环境中，从而防护可能出现的低压环境对人体的危害，如有需要，舱内航天服也可防护高温、低温、有害气体等对人体可能造成的危害。

舱外航天服表面还有许多用于连接其他装置的接口，比如安全绳锁扣、机动飞行装置接口等。

舱外航天服

航天服的头盔由头盔壳、面窗结构和颈圈等组件构成。在载人航天中使用的头盔有软式头盔与硬式头盔两种，其中硬式头盔又有固定式和转动式两种。软式头盔大多数作为舱内航天服的组件，硬式头盔则主要应用于舱外航天服。

正常情况下，舱内环控生保系统能够给穿着航天服的航天员提供全身的通风，使航天员处于相对舒适的环境中；压力降低时，给服装通风的风机会自动关闭，使航天服处于密封供氧状态，应急供氧装置通过服装供氧软管将氧气送入航天服内，一部分氧气将进入头盔内供航天员呼吸及头部散热，然后由压力调节器排出。进入飞船之前，航天员如果需要穿着舱内航天服，需要随身携带用于供电的装置。

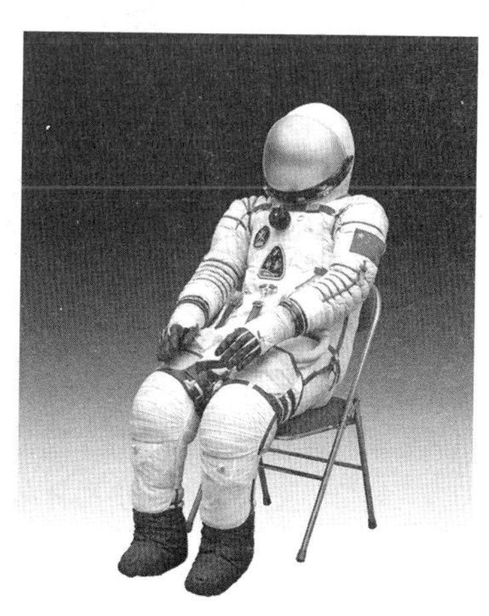
舱内航天服

按照航天发射规范，航天员在航天器发射和返回的期间必须穿着舱内航天服，预防可能发生的故障和事故，因为如果舱内突然失压，没有舱内航天服的保护，航天员甚至来不及做出任何反应就会陷入昏迷。当航天器在轨道运行期间发生密闭舱失压等突发情况时，航天员必须迅速穿上舱内航天服，这对航天员的生命安全至关重要。

之前我们曾经提到过的，在苏联载人航天史上联盟 11 号发生的悲惨事故就与舱内航天服有关。1971 年 6 月 30 日，当时联盟 11 号载人飞船完成了预定任务，由于返回舱内空间狭小，三名航天员无法穿着舱内航天服进入返回舱，所以他们都没有穿着舱内航天服。在乘坐返回舱返回地球的途中，返回舱上的减压阀突然开启，导致舱内的压力迅速下降，三名航天员当时并没有穿着舱内航天服，在一瞬间就全部遇难了。如果当时这三位航天员穿着舱内航天服，航天服内的生命支持系统完全可以帮助他们度过危险的时间，撑到返回舱落地，所以这次悲剧本来是可以避免的。这次事故让人们再次意识到载人航天活动的危险，所以，此后的载人航天任务都要求航天员在发射和返回途中必须穿着舱内航天服以应对可能发生的各种突发状况。

在载人航天起步时期，苏联使用流浪狗进行太空实验时，曾经给实验用犬穿“犬用航天服”，用来在飞行过程中保护实验犬的安全，这种特殊的航天服配有一根由棉、尼龙、铝和橡胶制成的供氧管。

尤里·加加林穿过的 SK-1 舱内航天服

第一套由人类穿着进入太空的舱内航天服由苏联设计、制造，代号“SK-1”，由苏联喷气战斗机飞行员使用的“Vorkuta”压力服改进而来，增加了新型头盔，并安装了压力传感器，一旦压力传感器测量到舱内气压低于一定数值，头盔的透明面罩会自动落下，从而保护航天员的生命安全。1961 年，尤里·加加林穿着 SK-1 舱内航天服，乘坐东方 1 号载人飞船进入太空，成为第一个进入宇宙空间的地球人。

在同时期美国的载人航天“水星”计划中，使用的舱内航天服由当时美海军的高性能战斗机飞行员穿着的“MK-4”型压力服改进而来，使用氯丁橡胶涂在布上的防护层和经过氧化铝处理的强化尼龙的内绝热层叠合而成，肘和膝关节部分缝入了容易弯曲的金属链，并增加了系带靴子、手套和新型头盔，舱内航天服通过位于腰部的管道与飞船连接，头盔右侧的软管则用于排出废气，这套供气系统除了能够为航天员提供氧气，还能通过气体的循环带走部分热量，从而起到冷却的作用。虽然防护性很强，不过这种航天服存在一个严重的缺陷，就是当内压提高时，身处航天服内部的航天员想要活动身体会变得非常困难。

在 20 世纪 60 年代中期实施“双子星座”计划的过程中，美国又开发了第二代舱内航天服，由于“双子星座”计划要求航天员进入太空在轨道上作会合或入坞的活动，所以这种航天服具有极佳的运动性。这种航天服在封入空气压的压力囊外蒙上了一层用特氟纶混纺材料织成的网，即使空气压使航天服整体膨胀也容易弯曲。

经过多年的改进，舱内航天服的功能越来越完善，舒适度和安全性也越来越高。美国 SpaceX 公司为其载人龙飞船的航天员准备的舱内航天服仅重 9 千克，配有 3D 打印制成的头盔、与触摸屏兼容的手套等部件，不但功能强大，而且外观时尚，充满了科幻感。

在中国载人航天的计划中，航天员在登上飞船之前的出征仪式亮相时，身上穿着的都是由中国自主设计、制造的舱内航天服。

空间站位于距离地面数百千米的太空中，虽然密封的船舱可以为内部的航天员提供良好的保护，但舱外就是“生命禁区”的宇宙空间，这里没有能够呼吸的空气，气压、气温都极低，还充斥着致命的宇宙射线，如果没有足够的防护，人类一旦进入宇宙空间就必死无疑。

然而，有许多工作都需要由航天员在空间站外部完成，比如空间站外部设备的安装、检修和更换，以及一些需要在舱外进行的实验。为了能够在宇宙空间中保护航天员，让他们能够完成工作，科学家设计了舱外航天服。

按照用途来说，舱内航天服的作用是在极端情况下短时间内保护航天员的生命，通过管线与飞船相连，所有的能源、氧气等资源都由飞船提供，同时受到外壳的保护，而舱外航天服的作用不仅需要保证航天员能够在飞船外的宇宙空间生存，还要进行一系列复杂、高难度的操作。

与舱内航天服相比，舱外航天服的结构和功能要复杂得多，造价也要昂贵数百倍。以中国载人航天的航天服为例，每套舱内航天服的造价在 10 万元左右，而一套舱外航天服的造价则达到了惊人的 3000 万元。之所以出现这么惊人的差距，是因为舱外航天服的功能远远超出了服装的范畴，与其说它是一件“衣服”，不如说是一“件”小型“载人飞船”更加准确。

舱外航天服除了具有舱内航天服具备的所有功能外，还增加了真空隔热层，除了可以防止服装内部的热量散失，还可以在舱外作业或在月球等地外星体表面活动时，保护航天员不受舱外过热、过冷环境的伤害。

舱内航天服大都使用气体散热装置，而舱外航天服一般使用液体冷却装置，使用液态冷媒进行散热，这是因为航天员在舱外作业有时长达几个小时，身体产生的热量非常多，仅靠气体散热无法达到要求，液态冷媒的散热效率比较高，可以满足散热的需求。

舱外航天服的最外层是一层坚固的防护层，用于保护内部各层和最核心的航天员，除了具有防高热、防磨损的功能外，还要有防太阳辐射的功能和防御微流星冲击的能力。

舱外航天服的头盔除了具有高强度、抗冲击和高耐热性的特点，还具有良好的光学性能和广阔的视野，同时具备防雾、除湿的装置，避免航天员在舱外活动时出现凝霜、结雾现象而影响视线，还需要安装呼吸感应器、二氧化碳感应器等身体监测装置监控航天员的健康状况。

早期的舱外航天服采用脐带式的生命保障系统与载人飞船连接，航天员身穿航天服，航天员所需要的氧气、压力、冷却介质、电源和通信等都是通过脐带由载人航天器提供的。由于脐带不能过长，航天员只能在载人航天器附近活动，如果距离太远，容易使“脐带”缠绕或者损坏，导致航天员窒息而死。

随着航天科技的发展，科学家发明了便携式环境控制和生命保障系统，形状像一个硕大的背包，放置在航天服的背部，从而让航天员脱离“脐带”的束缚，抵达更远的地方。

舱外航天服背部的便携式生命保障系统能够提供氧气等维持生命所需的各种条件，如果在太空行走时间较长，舱外航天服内还要装有饮水袋。此外，饮水管旁还有一个长孔用来放置食物棒，航天员只要用嘴靠近即可吃到美味可口的棒状食品。

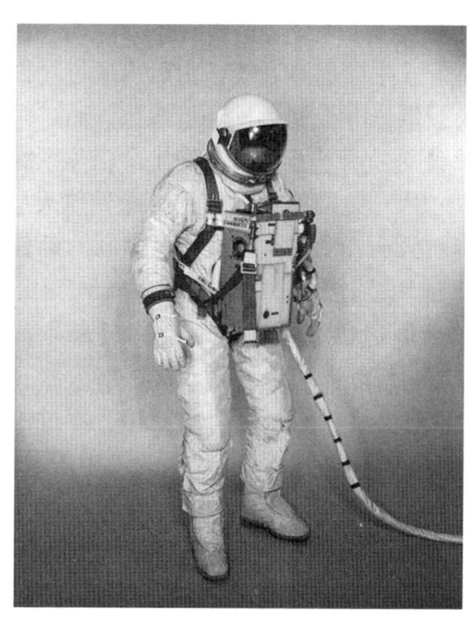

“双子星座”系列载人飞船使用的舱外航天服

在载人航天刚起步的阶段，舱内航天服和舱外航天服并没有特别明确的区分。比如苏联“上升”系列、美国“双子星座”系列和“阿波罗”系列载人飞船上使用的都是多用途航天服，航天员穿着的压力服作为航天服的主体，既用于舱内使用，也用于舱外使用。当航天服与载人飞船的生命保障系统进行连接时，在紧急情况下就作为舱内航天服保障航天员的生命安全；当在航天服外套上真空屏蔽隔热服，并与便携式生命保障系统联合使用时，就作为舱外航天服为航天员的出舱活动提供保障。

这种多用途的航天服虽然看起来比较方便，但却存在许多问题，当其用于舱外活动时，可靠性下降，而作为舱内航天服使用时，又增加了不必要的复杂性，从而引发各种故障，对航天员的生命安全造成隐患。所以，随着载人航天科技的发展，航天服被明确地分成了舱内航天服和舱外航天服两类，两者的功能也被完全区分开来。

在“阿波罗”计划开始实施后，为了满足探月的需要，美国开始重点发展舱外航天服。“双子星座”系列载人飞船上使用的舱外航天服采用了脐带式生命保障系统，由舱内通过一根“脐带”似的管线向舱外航天服供氧并控制各种环境参数。而“阿波罗”计划中使用的舱外航天服则采用了背包式便携生命保障系统。

在航天飞机时代，美国航天员使用的舱外航天服由按人定制改为组合式，每套航天服由 10 个不同尺码标准的部件组成，每个部件有 5 个尺寸供选用，连接的部分使用锁栓固定，便于更换和维修。由于舱外航天服造价高昂，所以制造起来非常艰难，美国在 1974 年设计制作了 18 套舱外航天服，这些航天服直到今天只剩下 4 套比较完好，目前仍然在国际空间站使用，不过由于屡屡出现故障，美国宇航局不得不暂时停止了需要使用舱外航天服的出舱作业。

苏联舱外航天服的发展和美国相似。20 世纪 70 年代，苏联研制出了 ORLAN-D 型半硬式舱外航天服，并于 1977 年 12 月在礼炮六号载人飞船上进行了舱外活动试验，检验了该型号航天服的进出舱的能力以及在舱外进行操作的能力。此后，在该型号航天服的基础上经过多次改进，形成了和平号空间站上用的 ORLAN-DMA 型舱外航天服，这个型号的航天服可以让航天员在舱外连续工作 6~7 小时。

中国的舱外航天服被命名为“飞天”，让人想起敦煌壁画上翩跹飞舞的仙女，这也是中国航天人的浪漫体现。

2008 年 11 月 7 日，中国航天员翟志刚进行了中国第一次太空行走，揭开了中国航天的新时代篇章，这也是中国自主研制生产的飞天舱外航天服首次接受宇宙空间的考验。

飞天舱外航天服

飞天舱外航天服高约 2 米，总质量约为 120 千克，身后背负着高约 1.3 米的生命保障系统背包，采用闭式循环非再生式环控生保系统，由高压氧瓶供氧，具备防辐射、温度调节和压力调节等功能，可进行至少 4 小时的舱外活动，设计寿命为重复使用 5 次以上。

飞天舱外航天服采用整体拟人形态半硬式密封结构，躯干采用硬式结构，四肢使用软式结构，后背部分有铰链门式穿脱机构。从内到外，飞天舱外航天服可以分为 6 层：舒适层、备份气密层、主气密层、限制层、隔热层、外防护层，四肢装有调节带，通过调节上臂、小臂和下肢的长度，可以适配身高在 1.6 米至 1.8 米的航天员。

重而不笨、行动灵活是飞天舱外航天服的一大特点。它巧妙地利用了仿生结构，使关节活动更自如。其上下肢的所有关节处使用了气密轴承，使航天员的手脚可随意转动，又能严格保证气密性。

飞天舱外航天服手套的指尖部分只有 1 层气密层，为的是让航天员能够保持良好的触觉，手指其余部位内有 2 层真空屏蔽隔热层。手套的手背处装有可以翻折的热防护盖片，它不仅能提高手指的热防护能力，还能保证手指关节的活动性。

飞天舱外航天服的头盔上装有摄像头，可拍摄航天员出舱的操作过程。头盔两侧各装有一台照明灯，可照亮服装胸前部分，方便航天员在黑暗中进行操作；头盔两侧有报警指示灯，航天服出现泄漏时会闪动报警。头盔的面窗有四层，其中里面两层之间充满了高纯氮气和防雾剂为充压结构，外面是防护面窗，最外层是镀金的滤光面窗，用来防止航天员的眼睛受到太阳光线的直接照射。

飞天航天服的通信方式有无线和有线两种，两者互为备份，但以无线通信为主。有线通信通过连接航天员腰部左侧 8 米长的“脐带”来实现，用于传输航天员的生理参数，还可与地面直接通话。

随着中国载人航天的不断发展，飞天舱外航天服也在不断迭代升级。新型的飞天舱外航天服支持更长时间的舱外活动，重复使用次数更多，关节处更加灵活，整体效能、可靠性、舒适性有了进一步的提高，舱外航天服的操作动作和信息识别更加迅速、准确，科技感更强，同时具有独特的中国美学。

02 食

◇

俗话说“民以食为天”，即使抵达了“天宫”的航天员同样也得吃饭，否则就会饿肚子。在早期的载人航天过程中，航天员的任务时间往往比较短，还可以在任务结束之后“回家”吃饭，随着航天技术的发展，特别是空间站的出现，航天员的一个任务周期长达数十天甚至数百天，所以在太空中填饱肚子，就成了一个非常重要的问题。

由于太空环境特殊，航天员的食品与我们在地球上的食品不同。在微重力下的狭小空间中生活和工作，航天员的口味会变得很特别，胃口不好，消化能力变弱。因此，航天食品必须有足够和合理的营养成分，而且每天的食谱都要变化，以满足航天员的营养需求。航天食品必须严格符合卫生要求，避免食源性疾病的发生，还要让航天员进食方便，容易储存。

在太空中，航天员处于失重的环境，这会导致出现很多在地面上根本不会遇到的问题。

人们在地面上吃东西的时候经常会掉落细小的食物残渣，比如掉落的饼干碎片、飞溅的细小水滴、撕碎的零散肉渣等，这些细小的残渣会在重力作用下落在地上，不会对我们造成任何危害，但在太空失重的环境里，这种食物残渣会在空中四处飘荡，如果被航天员吸入肺部，或者进入某些精密的仪器中，都会引起严重的后果。

因为没有重力的“协助”，航天员进入太空之后需要进行一段时间的适应才能掌握进食技巧，比如吃饭的时候一定不能说话，从而尽量避免食物残渣的飞散。所以，在研究如何将航天员送入太空的同时，航天食品也是科学家研究的重要方向。

在载人航天刚起步的阶段，太空食品重视的是营养、方便和安全，主要目的是帮助航天员维持体能，至于味道和口感基本上不在考虑范围内。在这一点上，美国和苏联的航天科学家出奇地达成了一致。

早期的太空食品都是将各种原料制成糊状，装进一个牙膏形状的管子里，在食用的时候，航天员只需要把这些“糊糊”挤到嘴里吞下去就好，完全不需要咀嚼。1961 年，第一位进入太空的地球人尤里·加加林就携带了这样的太空食品，他的“食谱”中包括肉泥和巧克力酱。

苏联最初的管状航天食品

同时期美国的航天员也能吃到同款的太空食品，“水星”计划中的航天员能在航行过程中吃到苹果酱、牛肉酱和蔬菜酱，同样是装在牙膏样的管子里，不过相比苏联航天员，美国航天员的“太空餐”多了一件“餐具”——一根吸管，他们可以用这根吸管把各种糊糊吸进嘴里，而不用挤进去。

在牙膏状的太空食品之后，科学家又研制出了“一口食品”，也就是把各种食物压缩制成可以一口吞下的大小，外面用糯米纸、凝胶之类的材料包裹，航天员可以直接放进嘴里咀嚼，从而尽可能地避免食物碎片飞散。

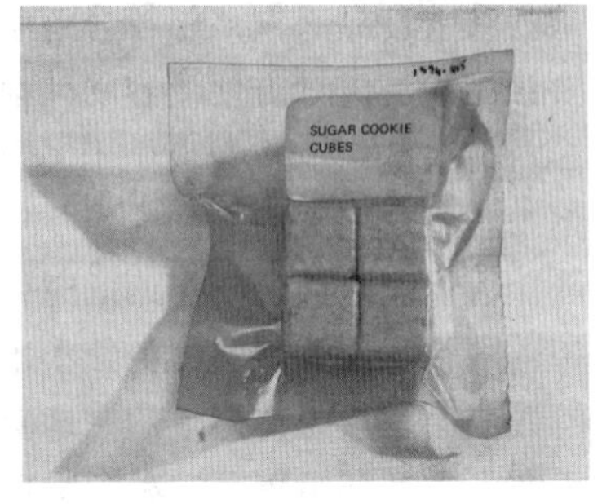

“一口食品”

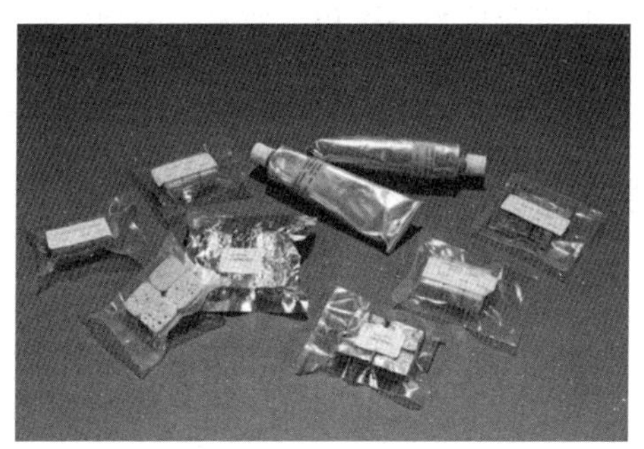

美国航天食品，外观类似牙膏

除此之外，当时还有一种脱水的太空食品，也就是将食物进行冷冻脱水干燥，航天员加水软化后可以食用。

这三种太空食品有一个共同特点——不好吃。对航天员来说，只是需要在任务期间用这些食物来保持体能、提供必要的营养，至于口感、味道就没法奢求了。幸运的是，当时的载人航天任务的时间都不会太长，不需要长时间忍受这种“折磨”，任务结束之后回到地面就可以吃到正常的食物了。

随着航天科技的进步，载人航天任务的持续时间越来越长，传统的“太空糊糊”在口感和味道上的缺陷实在太大，无法满足航天员的需要。

在美国“阿波罗”计划的早期，载人飞船上携带的太空食品让航天员们非常不满，抱怨食物难以下咽，同时因为缺乏营养摄入，航天员的健康水平也出现了下降的情况。为了满足航天员的需求，科学家开始研究开发新一代的太空食品。

经过改进，新一代的太空食品变得好吃了许多。在阿波罗10号之后的载人飞船上，除了对之前的太空食品进行改进之外，还增加了罐头食品，并且在主餐之外增加了蛋糕、果冻、水果干等零食。

在美国“天空实验室”空间站运行期间，专门建立了微型的“太空厨房”，其中有食品贮存设备、食品制造设备和航天员进餐设备，驻守在空间站的航天员有一个长达6天的标准食谱，列出了80

种食品和饮料，航天食品的花样和品种大大增加。同时，食品包装也做了全面改进，采用加封一层塑料膜的整盖易拉式铝罐包装，可以对食物进行加水和加温。

20世纪80年代后，美国在航天飞机上使用的太空食品又有了重大改进，已经达到了使航天员“满意”的水平。航天飞机中安装了更为适用的“太空厨房”，其中有食品贮箱、调味品贮箱、加热器、分水器、餐具箱、清洁卫生用品箱和废物箱。此外，还有一个可以折叠的专门为了制备食品的台子。航天员在飞行中按照菜单进餐，菜单上的食品保证一周内不重样。航天员还可以根据自己的爱好点菜。此外，航天员每天都可以吃到各种点心和零食。

随着航天科技的进步，太空食品的种类越来越丰富，航天员可以在太空中吃到香肠馅饼、辣味烤鱼、土豆烧牛肉、奶油面包、豆豉肉汤、金枪鱼沙拉、饼干、巧克力、酸奶、果脯、果汁等各种各样的佳肴，美国航天员还可以喝到他们爱喝的可口可乐。不过，航天员的饮食并不能完全随心所欲，而是必须按地面营养师为他们配制好的食谱用餐。吃饭时，航天员把标有第几天第几顿字样的塑料袋从食品柜中取出，先放入一个碗形的容器中，再用注射器将一定数量的水注入容器，最后放进烤箱里加热，这样一顿饭用时不超过半小时就做好了。

尽管太空食品供应充足，花样齐全，营养丰富，但很多航天员都认为在天上吃饭吃不出味道。针对这种现象，科学家进行了研究，发现“不好吃”的原因可能不在食品本身，而是太空环境引起了航天员的味觉失调，导致没法品尝到食物的风味。如失重使鼻腔充血，导致味觉神经钝化，唾液分泌发生变化影响味觉，或者因为看不到食物的颜色、闻不到食物的气味而影响味觉。所以，如何让航天员在太空中品尝到美味的食物，仍然是一个需要长期研究的课题。

太空食品按用途可分为食谱食品、储备食品和救生食品；按加工类型、使用方法和具体用途则可分为复水食品、热稳定性食品、干燥食品和辐射食品，其中除压缩干燥食品为救生食品外，其余均为食谱食品。

食谱食品是预先给航天员确定每天食谱、按食谱制成的各种便于食用和贮存的食品。如复水食品，实际上是一种低温干燥食品，食品干燥后体积、质量都很小，便于携带。这种食品包装袋上都有一个单向注水阀门，食用前要先注入一定量的水。热稳定食品是经加热灭菌处理的软包装和硬包装罐头食品；冷冻冷藏食品是地面上冻好带进太空的，解冻后即可食用；辐射食品是经过放射线杀菌后的食品，这种食品不易变质。

此外，还有一些特殊用途的太空食品。例如当载人飞船或者空间站发生故障时，航天员到舱外长时间维修，这时航天员必须穿着带有应急食品的航天服。这种应急食品采用铝管包装，存放在头盔颈圈的“供食器中”，通常是半固体或者流质，供航天员在舱外活动时食用，用来补充营养。

在失重环境下，航天员有两种吃饭方法，一种是像在地面上就餐，自己把食物送到嘴里，还可以让食物飘在空中，人过去用嘴咬住它。喝水时需要注意不能让水洒出，否则会飘浮在舱内，危及航天员和仪器设备的安全，所以在太空中的饮用水都是密封袋装的，用软管或嘴对着袋挤着喝。

太空中使用的餐桌是特制的磁性餐桌，能吸住刀、叉、勺、碗、盘等餐具，桌上装有水冷却器和加热器。吃饭时，航天员先把脚固定在地板上，再把身体固定在座椅上，以免飘动。面对摆在餐桌上的饭菜，航天员需要注意端碗、夹饭、张嘴、咀嚼一连串动作的协调。端碗要轻柔，动作太猛，饭会从碗里飘出去；夹饭、夹菜要果断，夹就要夹准、夹住，以免饭菜飘走，使用叉子效果最好；饭菜夹住后，张嘴要快，闭嘴也要快，因为即使是放到嘴里的食物，不闭嘴它也会飞走；咀嚼时节奏要放慢，细嚼慢咽利于消化，还可以减少体内废气的产生和排出，避免航天员生活环境的污染。在太空吃饭，最忌讳的就是边吃边说话，这样会使嘴里嚼碎的食物碎末飞出嘴外，飘在餐厅或生活舱里，航天员稍不注意吸进鼻腔就容易呛到肺里发生危险。

作为一个美食大国，中国的太空食品具有很强的国家特色，独树一帜。

中国航天食品

在形式上，中国的太空食品以中式食品为主，搭配而成的航天膳食具有明显的中餐特色，符合航天员的口味要求。比如，有主食和副食之分，主食以米面类的食物为主，副食荤素搭配。在加工上，中国的太空食品注重色、香、味、形，多种传统的中式菜品出现在航天食谱中。比如，有传统中餐的代表之一“八宝饭”，风味独特，其中的莲子、桂圆等配料有保健功能，具有浓郁的中国特色。

2003 年 10 月，中国开始第一次载人航天飞行，航天员杨利伟带了特别加工的鱼香肉丝、宫保鸡丁和八宝饭进入太空，这期间他还喝了我们中国特制的凉茶。

在天宫一号空间站运行期间，为了中国航天员的“中国胃”能够得到最大程度的满足，营养师为航天员准备的食谱涵盖了各大菜系的名菜：鱼香肉丝、宫保鸡丁、蘑菇鸡块、雪菜肉丝、黑椒牛柳、红烧肉、冬笋火腿炒饭……还有川味辣酱、叉烧酱、海鲜酱等多种酱料。

神舟十号载人飞船上的航天菜单开始迈入个性化的“私人定制”时代，技术人员通过改进工艺，提高了食品的感官接受度，满足了航天员的不同口味偏好。

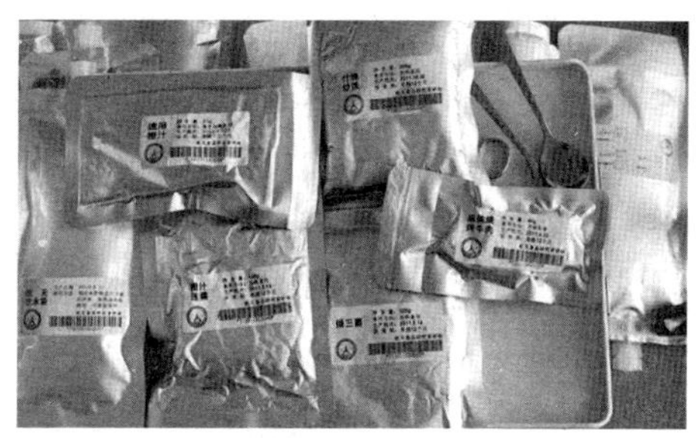

神舟十号携带的太空食品

神舟十一号载人飞船的太空食谱采用“五天一循环”的模式，正餐包括主食、副食、即食、饮品、调味品、功能食品六大类，除了一日三餐，还有许多点心和夜宵用于补充能量。

到了神舟十二号飞行任务期间，航天员的食物足足有120多种食物，品类更多，营养价值更丰富，还包括冰激凌、巧克力、柠檬茶、奶茶、咖啡等零食饮料。

神舟十三号乘组的任务期间正逢中国最重要的传统节日——春节，为了能让航天员在“天宫”吃上一顿丰盛的年夜饭，中国航天人们可谓煞费苦心，不但准备了包括鱼香肉丝、宫保鸡丁、黑椒牛柳、香辣羊肉、酸辣笋、麻辣豆干等丰盛的菜品，还准备了过年必不可少的水饺，有猪肉白菜、鲅鱼、黄花菜等三种味道供他们选择，让在天上的航天员能够和地上的人们共度佳节。

除了种类丰富之外，中国的太空食品会根据航天员的建议进行调整，比如航天员提出希望能够在空间站吃到更多的蔬菜，在后续的飞行任务中，太空食谱中的蔬菜种类就变得更加丰富。

除了日常的饮食以及丰盛的节日美食之外，中国的太空食品中还包括一种特殊的“盲盒”食品，上面没有内容物标识，航天员打开之后才能知道里面装的是什么，这种有趣的机制为航天员相对规律的太空生活增添了一抹变化的色彩。

目前，空间站的食物基本上都是由货运飞船从地面运送上去的，有人可能会想，能不能在太空中种出可以吃的蔬菜呢？

事实上，在太空种菜并不是奢望。2015年，国际空间站的航天员就吃上了自己种出来的紫叶生菜，这是首批在微重力和人工粉红灯光下培育出的可食用蔬菜，它们生长在一个特殊的“蔬菜盒子”里，航天员将蔬菜种子撒在由土壤和化肥组成的垫层上，由于在太空不能给蔬菜浇水，所以垫层底部设有特殊的灌溉系统。

有人说，“种菜”是中国人刻在基因里的种族天赋，中国的“天宫”里当然也少不了种菜这个环节，航天员的工作中就包括了植物种植实验，并且已经取得了丰硕成果，相信在不久的将来，“天宫”中的航天员就能够吃上自己种出来的新鲜蔬菜了。

03 住

◇ ……………………

曾几何时，苏东坡仰望天空，发出了这样的感叹："不知天上宫阙，今夕是何年。我欲乘风归去，又恐琼楼玉宇，高处不胜寒。"那么，住在"天宫"到底是怎样的体验呢？

想要在"天宫"里生活，首先要解决"呼吸"问题，因为人类不但需要吸入氧气保证生存，而且人类的身体已经适应了地面的大气压力，所以根本无法在近乎真空的宇宙空间中生存。想要让航天员在太空中生存，不但要保证充足的氧气供应，还需要创造出保持一定气压的人造环境。

为了保证气压的稳定，无论是载人飞船还是空间站都是一个严格密封的封闭环境，坚固的船体和各种密封组件保证内部的空气不会外泄，而一旦发生泄漏，就可能危及航天员的生命。我们之前提到过的联盟 11 号的悲剧，就是由于减压阀提前打开造成气体泄漏、气压骤降造成的。

在载人航天的起步阶段，航天员的氧气供应都是由氧气瓶来提供的，无论是苏联的第一位航天员尤里·加加林还是美国"水星"计划中的航天员，他们在太空中呼吸的氧气都是压缩存储在氧气瓶中的。

使用氧气瓶供氧最大的好处是安全、稳定、可靠，不太容易出现危险的意外情况。直到今天，载人飞船在升空和降落阶段，都是使用飞船上搭载的氧气瓶进行供氧的。

不过，使用氧气瓶供氧也有很大的缺点。首先是自重太大。由于压缩氧气的压力很高，所以氧气瓶需要坚固的瓶身，这就意味着重量的增加，而在几乎每一克载荷都“锱铢必较”的航天领域，这样沉重的载荷就意味着高昂的投入。其次，氧气瓶能够携带的氧气总量有限，这在载人航天初期任务持续时间比较短的时候还不明显，但进入了空间站时代之后，航天员需要在空间站工作数十天甚至数百天，这期间所需要的氧气数量十分庞大，仅仅使用货运飞船运送来的氧气瓶供氧根本无法满足需要。

为了给在空间站工作的航天员提供足够的氧气，科学家想到了电解水的方式。在初中化学课上我们就曾经学到过，水在通电的情况下会被分解成氢气和氧气，这就是所谓的“电解”。在空间站中，使用电解水的方式制造氧气是非常经济的选择，不但产氧的效率高，一升水被完全电解能够产生超过 620 升氧气，而且水在常温下是液态，不需要使用压力容器存储，可以很经济、方便地进行运输和存储。

但是，电解水制氧的方式同样有缺点，那就是能耗较大，而且需要源源不断地电能供应，一旦因为电能供应出现故障，氧气的供应也会停止。

为了避免在停止供电的紧急情况下给航天员造成危险，空间站里除了电解水供氧系统之外，还有紧急情况下使用的供氧系统。空间站使用的紧急供氧系统主要有两种，一种是存储在氧气瓶里的压缩氧气，另一种是固体氧气发生器。

固体氧气发生器也被称为“氧烛”，其主要成分是氯酸钠、氯酸钾等氯酸盐和铁粉，一旦点燃，两者就会发生剧烈反应，同时产生氧气。根据计算，1 千克的氯酸钠和铁粉混合物经过反应可以产生够一个人呼吸 6 小时以上的氧气，非常适合在紧急情况下为空间站供氧。

吸入氧气之后，航天员会呼出二氧化碳，由于太空里的失重环境作用，如果没有外力干预，航天员呼出的二氧化碳会积聚在口鼻周围，这些二氧化碳如果在空间站里持续堆积，会对航天员的身体健康造成严重的危害，甚至可能导致窒息，必须要及时进行处理，这就需要用到通风系统和二氧化碳去除系统。

在载人航天初期，任务时间比较短，通常采用氢氧化锂作为吸收剂，用来吸收航天员呼吸产生的二氧化碳。氢氧化锂与二氧化碳发生反应生成碳酸锂，可以实现对二氧化碳的吸收，同时使用特制的活性炭净化装置来吸附飞船中其他微量的有害气体。这种方法吸收二氧化碳的效率很高，而且安全可靠，但所消耗的氢氧化锂试剂是一种一次性的消耗品，无法重复利用。

对短期的载人飞行任务来说，航天员对氧气、二氧化碳吸收剂和空气净化装置的数量需求都不大，可以从地面带上天，但对于长期的载人飞行任务，特别是空间站来说，这些消耗品的需求数量十分庞大，如果全部由地面供应，其运输成本将是一个天文数字。所以，空间站中去除二氧化碳的问题需要科学家研究新的方法。

目前，空间站中去除二氧化碳的主要方法是“分子筛”，这是一种含碱金属和碱土金属氧化物的结晶硅铝酸盐矿物，对二氧化碳具有很强的吸附性，而且具有很好的再生循环性能，可作为一种高效、经济的二氧化碳捕集吸附剂。对吸附了一定数量二氧化碳的分子筛，可以将其转移到空间站外面的真空环境，利用真空实现二氧化碳的脱离，从而将二氧化碳排入太空。一般来说，空间站安装有两组分子筛，一组进行二氧化碳的吸附，另外一组则放置在真空中进行脱附，两组交替工作，能够有效地实现舱内二氧化碳的净化。分子筛的使用实现了二氧化碳吸收材料及其装置的重复使用，但只是将二氧化碳排出舱外，并没有实现二氧化碳的回收利用。在现阶段载人航天飞行任务中，这并不是什么大问题，但在未来长距离太空航行中，这些排放的二氧化碳就成了巨大的浪费。

为了能够充分利用二氧化碳，科学家提出了“氧气再生技术”，也就是将航天员呼出的二氧化碳进行收集和再生处理，重新生成可供人体呼吸的氧气，目前这项技术还在研究之中，距离实际应用还有不小的差距。

除了氧气，水也是航天员在太空中生存的必需品，除了用于电解制造氧气，航天员的生活、工作中也要用到大量的水。按照计算，每名航天员平均每天需要消耗2.5升左右的水，这里面除了用于饮用之外，还包括洗澡、刷牙、洗脸等清洁活动的消耗，由此可以计算，一名航天员在空间站驻留6个月，大概需要消耗450千克水，三名航天员要消耗1.35吨水。

太空中没有水源，空间站使用的水都是从地面运送上去的，每升水的“运费”都是天价，在4万元左右，所以说空间站的水大概是人类喝到的最昂贵的水。

为了增加这些珍贵的水的利用效率，空间站中装备有专门的水回收系统，收集航天员工作、生活中产生的废水，经过过滤、净化等步骤重新变成净水，以达到循环利用的目的。

空间站内部

空间站使用的厕所中有许多“黑科技”，其中最重要的就是尿液回收系统。它可以收集航天员排出的尿液，经过特殊系统过滤、分离后转移到净化系统，再经过杂质过滤、去除离子污染物、去除有机物等一系列复杂处理后，最终变成符合饮用标准的水。在国际空间站的航天员曾经开玩笑地说过：“昨天的尿就是今天的咖啡。”虽然有调侃的成分，不过也反映了空间站内水循环利用的现实情况。

除了尿液收集，航天员洗澡、洗脸后产生的废水也会被收集、净化重新利用，甚至航天员体表排出的汗液和呼吸带出的水汽也不能浪费，空间站设置有专门的装置用来收集这些蒸发到空气中的水分，经过冷凝、一系列过滤、净化操作，这些水分最终也会成为符合饮用标准的水。

也许有人会担心这些回收水的安全问题，其实完全没有必要，空间站内的水循环系统产生的净水完全可以达到饮用水的洁净标准，甚至比我们在地球上日常饮用的水还干净。

无论是净水装置还是电解水制氧装置，都离不开电能，除此之外，空间站中其他仪器设备的运行也需要大量的电能来支持，可以说，如果突然停电，空间站的绝大多数功能都会停止运转。那么，空间站的电是从哪里来的？

在早期的载人航天任务中，载人飞船在空中飞行的时间比较短，所以一般采用携带的电池进行供电。随着载人航天的发展，任务时间越来越长，电池供电逐渐无法满足任务需要，人们迫切需要寻找新的能源，最终选定了太阳能。

从地球诞生开始，太阳的光辉就照耀着这颗美丽的蓝色星球，阳光每时每刻都在将大量的能量输送到这里。

早在 1839 年，法国科学家就发现了光照能让某些特殊材质的物体两侧产生电势差，随后在 1883 年，科学家查尔斯·弗瑞兹将半导体硒覆盖在黄金薄片上，成功制造出了第一块太阳能电池板，并将其安装在纽约的建筑上，虽然这块太阳能电池板的转化效率只有 1%左右，却开创了光电转化的新时代。

1954 年，第一块具有实用价值的太阳能板在贝尔实验室诞生，随后不久就被应用在人造卫星上，作为卫星的电能来源。随着航天科技的不断发展，太阳能电池板的转化效率不断提升，到了现在，大部分在地球轨道上运行的航天器都在使用太阳能板供能。

在太空中使用太阳能具有很大的优势，由于没有大气层内云层的遮挡和尘埃的散射，地球轨道上的太阳光能量比地面上要强不少，从理论上来说可以产生更多的电能，不过由于过于强烈的光照会使太阳能板的温度升高，甚至能达到120℃，过高的温度会影响光电转化效率，目前只有中国空间站使用的太阳能发电装置解决了这个问题。除此之外，使用太阳能发电还会遇到一个问题，就是当航天器进入地球的阴影之后，也就是“天黑”之后，太阳能板就不能继续供应电能了，为了解决这个问题，就需要在航天器上安装储能装置，在处于光照区的时候将太阳能板产生的电能存储起来，供在阴影区期间使用。

国际空间站配备了八块巨型太阳翼作为能源供应装置，这些太阳翼的长度超过30米，安装在国际空间站的桁架上，可以提供84~120千瓦的发电能力。

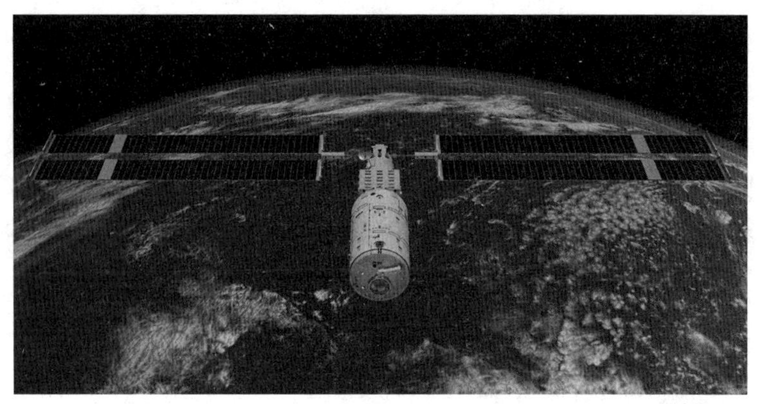

问天实验舱的两组太阳翼

中国天宫空间站的天和核心舱、梦天实验舱和问天实验舱各有两组太阳翼，其中天和核心舱上的太阳翼是中国天宫空间站首次运用的大面积可展收柔性太阳翼，单个太阳翼展开面积有67平方米，相当于一个标准单打羽毛球场的大小。而问天实验舱和梦天实验舱配备的太阳翼则是“升级版”，单个太阳翼的展开面积达到138平方米，只需四个这样的太阳翼就能为中国天宫空间站建成后的三舱组合体提供超过80%的能量。在天和、梦天、问天三舱形成组合体后，柔性太阳翼的面积约有700平方米，可为中国天宫空间站提供充足的能源。

中国空间站使用的太阳能发电装置被称作“柔性太阳翼”，完全由中国自主研究开发制造，这种太阳翼的厚度只有 0.7 毫米，采用三结砷化镓材料和独特的二次展开设计，发电效率超过 30%，其寿命长、可靠性高，可以重复展开收放，与国际空间站使用的太阳翼相比，中国天宫空间站的太阳翼重量大大减轻，而且不需要复杂的桁架结构，日后维护更换也非常方便。

中国空间站的柔性太阳翼还配备了独特的太阳定向装置，负责驱动问天实验舱和梦天实验舱两翼太阳翼的整体转动，带动了柔性太阳翼在太空中稳稳地转动，无论阳光角度和空间站飞行姿态如何变化，都能保证太阳翼始终以正面朝向太阳的方向，从而让太阳翼能够获取最大的能量，确保了发电效率。

凭借这些高科技的柔性太阳翼支持，整个中国空间站每天的发电量可以达到约 1000 度，同时使用先进的锂电池存储电能，从而保证整个空间站 24 小时都有充沛的能源供应。虽然中国天宫空间站的太阳翼在数量和大小方面都不如国际空间站，但整体的发电能力却与其不相上下，甚至略有超出，这得益于中国领先世界的太阳能发电技术。

人的一生约有三分之一时间是在睡眠中度过的，睡眠对人类至关重要。对航天员来说，想要顺利地完成飞行任务，就必须保持良好的精力、体力，所以充足和高质量的睡眠就显得非常重要。

在人们的幻想中，在完全失重的太空中安然入睡肯定是一种奇妙而美好的体验，但实际上，在空间站里睡觉的感觉的确“奇妙”，但和“美好”就没有多少关系了。因为，大概只有实际体验过才能真正明白，在太空中睡觉可不是件容易的事。

干扰睡眠的第一个重要因素，就是光。首先，太空中的昼夜节律与地面不同，飞船在太空飞行，每 90 分钟就能经历一次日出和日落，而且飞船和空间站里从不关灯，因为大家要轮流睡觉，不睡觉的人需要照明继续工作。同时，地面控制人员也要随时观察舱内的情况，需要不间断的照明。这些都导致飞船内常年“灯火通明”，而光是人体生物钟最核心的控制因素，对人的睡眠有极大影响。所以航天员睡觉时都得戴上一副黑色的眼罩，以隔绝舱内过于频繁的亮暗变化。

干扰睡眠的另外一个因素，就是噪声。为了保证座舱内的氧气压力，航天器内必须不断地用风扇强制通风，所产生的噪声也使得航天员不容易入睡。在这种情况下，航天员需要使用耳塞隔绝噪声，以便能睡个安稳觉。

此外，在早期的载人航天任务中，由于工作繁多，航天员都是轮流睡觉，彼此也会相互干扰。现在，为了保证航天员的健康，所有人员需要同时就寝，其中一人戴上通信帽。在航天员休息时，舱内的操作由计算机控制或由地面控制中心的工程师代为执行。遇到紧急情况时，计算机会报警，地面工程师也可以通过无线电叫醒航天员。

在地面上，人们睡觉时都是平躺在床上，身体自然放松，但是在太空失重环境下，“平躺”和“站立”并没有区别，想要“躺”在床上更是一件难以完成的任务。太空中的失重状态会使人产生四肢与躯干分离的幻觉，还会在入睡和醒来时出现类似坠落的幻觉。在失重条件下，人体的血液和脏器都失去了重量，导致航天员下肢的血液流向头部和胸部，产生类似在地面上倒立的不适感。此外，由于没有重力施加在脊柱上，脊柱伸展会刺激背部的神经和肌肉，引起航天员背部疼痛。

在太空的失重环境下，睡觉还会有一些特殊的困难，比如说，不能盖被子，因为被子可能很快就飘走。不仅如此，由于失重的影响，连航天员本身在睡着的情况下，也可能会飘到舱内其他地方，而不会像在地面上一样，一直老老实实地待在床上。针对这种情况，空间站内为航天员设置了垂直安放在地板与天花板之间的床铺，床上铺有褥子，褥子上有睡袋，睡袋上还有通气孔，每个航天员都有独立的睡眠舱位，避免相互影响。在睡觉之前，航天员需要用一根带子将自己和睡袋固定在某个地方，睡觉时，航天员一定要将手臂放进睡袋里，把双手束在胸前，以免无意中碰到仪器设备的开关。

航天员的睡眠区

对航天员来说，睡觉时可能也会遇到危险——如果睡觉的时候航天员的头部处在不通风的地方，呼出的二氧化碳会聚集在他的鼻子附近。所以，航天员的脑后部都有一个报警系统。当航天员血液中的二氧化碳达到一定浓度时，报警系统就会发出警告，将航天员唤醒，这样航天员可以移动到氧气相对充足的地方接着睡。

总之，有了这许多琐碎又实用的设计，航天员就不必再为睡觉而烦恼了，也就能真正地在太空中安家了。

在地面上，家是为我们遮风挡雨的地方，而在太空中，航天员的“太空家园”空间站同样为他们遮挡着“风雨”，无时无刻不在保护着他们的安全。

在太空中，除了无处不在的真空环境和宇宙射线，对航天员威胁最大的当属高速飞行的太空碎片，这些碎片有些是被地球捕获的微小陨石和流星，有些则是航天器破碎之后留下来的残骸，它们在地球轨道上以每秒数十千米的速度飞行，威胁着航天器的安全。

为了抵御太空碎片的威胁，空间站表面装备了防护装置，像铠甲一样保护着内部的航天员和各种装置。

国际空间站的防护装置由美国人弗雷德·惠普尔设计，因此也叫“惠普尔盾牌”，它的结构类似坦克的间隙装甲，采用多层装甲设计，使用多层厚度为 0. 15 厘米的钛合金装甲板，中间相隔 5. 1 厘米，利用多层装甲板将撞击碎片逐渐分解，或者改变飞行方向，消耗动能，最终使得碎片无力击穿最后一层装甲板。在“惠普尔盾牌”和空间站舱壁之间还保留了 10. 2 厘米的间距，组成最后一道间隙装甲，从而削弱撞击物的动能，起到保护舱壁的作用。按照计算，“惠普尔盾牌”只能防御直径小于 1 厘米的太空碎片，对超过这个直径的太空碎片就需要选择进行规避了。

中国天宫空间站同样装备有防护装置，一方面利用玄武岩和芳纶制作的复合材料板抵御撞击，另一方面利用舱外的辐射器等附件作为防护板，依靠结构上的多重防护，层层削弱太空碎片的动能，从而起到保护舱壁不会被击穿的效果。不过这套防御系统同样只能应对体形较小的太空碎片。

对于体形较大的空间碎片，空间站需要提前进行规避，这就需要得到地面控制中心的设备和人员的支持，比如专门负责太空碎片防护的“空间碎片防护团队”，他们可以帮助空间站监视运行轨道上存在的危险，对可能发生的交汇和碰撞提前发出预警，协助空间站进行规避，从而保证空间站和航天员的安全。

04 行

俗话说，“千里之行始于足下”，对前往空间站的航天员来说，这趟“太空出差”的旅程可远远不止千里之遥。

太空出差的第一步，就是乘坐载人飞船抵达太空。

在载人航天活动发展的初期，航天员的活动范围被限制在载人飞船内，即使是进行太空行走，任务结束后仍然要返回飞船。此时的载人飞船就是航天员在太空中活动的“基地”，承担了安全防护、补给、休息等功能。

当载人航天进入了空间站阶段之后，空间站为航天员提供了安全防护、补给、休息等功能，而载人飞船则像是一辆从地球出发的摆渡车，任务就是把航天员安全地送到空间站，并在任务结束之后接他们回家。

发射入轨后，载人飞船就开始按照计划向空间站靠拢。随着载人飞船与空间站逐渐靠近，飞船上的主动对接机构会推出对接环，在精准的控制下与空间站上的被动对接机构实现“捕获”。在两者成功“牵手”后，这时的载人飞船与空间站还存在着一定的姿态偏差和晃动，此时就需要通过对接机构内部的各类弹簧元件、可控阻尼装置等实现动能的缓冲、消耗，并对姿态偏差进行校正，这些装置同时确保了对接过程中的巨大冲击能量不会对飞船内的航天员造成身体上的过载。

待载人飞船的姿态稳定后，主动对接机构会通过收回对接环将两者之间的距离拉近，直到完全停靠在一起，此时对接机构会通过锁紧“对接锁”实现载人飞船与空间站的刚性连接，建立起一个密封、安全、可靠的通道，这就是航天员前往空间站的“大门”。

从载人飞船进入空间站，并不像我们开门回家一样容易。当载人飞船和空间站之间的通道建立之后，航天员首先要通过载人飞船的返回舱，来到飞船轨道舱舱门前，对于首次进入太空的航天员来说，这将是他们第一次真正体验在失重环境下进行移动的神奇感觉。

如果空间站中有人驻守，驻留的航天员会打开空间站一边的舱门迎接新到的访客，如果没有人驻守，航天员就需要自己用“钥匙”打开通往空间站的大门，然后进入空间站。载人飞船将会一直与空间站保持对接，直到任务结束返回地球，如果空间站突发危险，航天员也可以乘坐它进行紧急撤离。

由于空间站内处于失重状态，航天员身处其间，同样摆脱了地球引力的束缚，做到了真正的“轻盈如羽毛”，看起来似乎非常自由和浪漫，但实际上对一直生活在地球引力作用下的人类来说，这种“自由”和与生俱来的本能相悖，会带来许多挑战。航天员在空间站内的行动方式和在地面上完全不同，无法像在地面上一样用双腿移动，而是处于一种类似浮空飞行或者水中漂浮的状态，而且没有上下之分，在这种状态下，航天员只要用脚、手或身体的任何部位触碰到固定物体，就可以在反作用力的帮助下进行三维行走，到达空间中的任何地方，所以在这个时候更灵巧、更容易控制的手臂才是移动的最佳选择。

为了方便航天员在空间站内行动，工程师在空间站内安装了许多扶手，航天员可以抓着这些扶手移动，或者用来稳定自己的身体。

在空间站或者载人飞船内部进行移动时，虽然感觉与地面上有很大不同，不过并不会遇到什么危险，经受过严格训练的航天员很快就能够适应。对航天员来说，真正的挑战是进行“太空行走”。

顾名思义，太空行走就是行走在太空中，不过由于失重环境的影响，在太空中肯定没法像在地面上一样用双脚走路。

太空行走

太空行走也称为“出舱活动”，是载人航天的一项关键技术，也是载人航天工程在轨道上安装大型设备、进行科学实验、施放卫星、检查和维修航天器的重要手段。

我们都知道，太空处于接近“真空”状态，没有供人类呼吸的氧气，而且极低的气压会在一瞬间夺取人类的生命。由于没有大气层保持热量，太空中的温度变化非常大，太阳照射时的表面温度会高于100℃，而没有阳光照射时的温度则低于-200℃。与此同时，太空中还存在各种能伤害人体的辐射。这些危险时刻威胁着进行太空行走的航天员，为了给他们提供足够的保护，科学家发明了舱外航天服。

即使有舱外航天服的保护，航天员仍然会面临许多危险，“减压病”就是其中之一。

减压病是由于身体在高压环境中工作一段时间，导致氮气大量溶解在血液和身体组织中，骤然回到低压环境中时，体内原已溶解的气体迅速析出，在血管内外及组织中形成气泡，从而引发全身性疾病。由于常见于潜水员，所以减压病也叫潜水病。

空间站和载人飞船配备有完善的维生系统，可以产生与地面相似的气压，从而保证航天员的正常生活，但当航天员进行太空行走等舱外活动时，如果航天服内部的压力过高，就会使得航天服涨成一个“球”，严重影响航天员的活动，所以舱外航天服内部的气压通常比较低。由于舱外航天服内部能够提供的气压比太空站内小得多，当航天员进入太空时，就可能出现减压病。

为了防止减压病，航天员在出舱活动之前还要进行吸氧排氮，其方法就是吸入纯氧，把体内多余的氮气排出。吸氧排氮持续的时间长短不一，如果航天服内的压力相对较大，或者说它与舱内压力水平接近，而且舱内的含氧量大，吸氧排氮的时间就短，反之则长。

由于在空间站没有参照物，在太空行走的航天员无法准确分辨物体的远近大小、速度快慢，而且失重让航天员失去了方位感，很容易迷失在茫茫太空中，所以在太空行走的过程中，航天员需要始终采用安全带将自己与航天器连接起来。

由于失去了重力的作用，进行太空行走的航天员只能在太空中漂浮，通过反作用力让自己动起来，行动起来非常艰难和笨拙。为了让航天员在太空中能够更好地活动，科学家发明了被称作“太空摩托艇”的载人机动装置，它的外形像是一个大背包，由压缩氮气箱、供气系统、喷气推进器、电子控制设备、温度控制装置和蓄电池等装置组成，以高压氮气作为失重环境下的飞行动力，航天员操纵左右机械手臂上的控制器控制高压氮气从安装在不同部位的推进喷管喷出，从而改变自己的飞行速度、方向和姿态，实现上下、左右和前后六个方向的移动，还能够进行旋转等机动项目。该装置有两套互为备份的氮气箱和供气系统，防止发生故障危及航天员安全，同时装备了生命保障装置，为航天员提供氧气，并维持人体所需的温度和湿度，还装有使航天员与航天器保持在同一轨道上的专门设备。

在美苏太空争霸时期，太空行走是双方竞争的重要领域之一，在这方面的竞争十分激烈。

1965 年 3 月 18 日，苏联成功发射了上升 2 号飞船，上面搭载着别列亚耶夫、阿里克谢·列昂诺夫两名航天员，他们的任务是进行人类首次太空行走。

这次太空行走计划的准备工作称不上完善。在本次计划之前，出于安全考虑，苏联曾经向轨道上发射了一艘不载人的试验飞船，以收集太阳辐射、高能量粒子流等数据，用来判断这些因素对航天员身体可能造成的影响。然而这艘飞船在返回地面过程中意外启动了自爆程序，收集到的珍贵数据随着爆炸消逝得无影无踪。

由于此时美国已经准备进行太空行走，所以没有时间再发射下一艘试验飞船了，两位苏联航天员只能在缺乏足够数据支持的情况下直接进行太空行走。

在这次太空行走中，阿里克谢·列昂诺夫装备了苏联科学家研制的新型航天服，这套航天服的内衣由细长的管子盘成，管子总长达到了 100 米，管内流过的冷水能吸去航天员身上散发的热量，并将热量排放到宇宙中，在内衣外面，还需要罩上一层又一层外套，再加上同样多层的手套，金属网眼靴子，增强树脂盔帽，就组成了一件舱外航天服。这套舱外航天服能够保持内部恒温，还有可以支持航天员在太空工作一个小时的生命保障系统。

离开飞船之后，阿里克谢·列昂诺夫进行了人类历史上的第一次太空行走，在离飞船约 5 米的地方活动了 12 分钟。为了防止航天服在太空的真空环境中膨胀变形，列昂诺夫在出发前特意系紧了航天服上的带子，然而当他完成太空行走准备返回飞船的时候，突然发现航天服发生严重的膨胀，使得他无法通过舱口返回飞船。在这种危急情况下，列昂诺夫果断地调低了生命保障系统的气压，航天服的膨胀情况得到缓解，这才顺利地进入了飞船。

为确保手中的摄像机万无一失，列昂诺夫选择头朝前的姿势进入飞船，然而他很快发现，由于气闸舱的空间过于狭小，这样的进入姿势让他很难关闭舱门，只能挣扎着旋转身体，才找到合适的角度将舱门关闭。根据记录，从列昂诺夫发现航天服膨胀到关闭飞船舱门，这段时间总共不到 210 秒，但他在这段时间里所承受的心理和生理压力却是难以想象的。回到地面之后，人们发现他的体重减少了数千克，每只靴子里都积存了超过 3 升的汗水。

虽然艰险重重、意外不断，但从结果来说，这次太空行走无疑是极为成功的，不仅是在载人航天活动中取得了重大的技术突破，开启了载人航天的新时代，还使得苏联在太空争霸中占据了上风。

在苏联进行首次太空行走之后不久，1965 年 6 月 3 日，美国发射了“双子星 4 号”载人飞船，上面搭载着麦克迪维和怀特两位航天员。由于双子星 4 号并没有装备气闸舱，所以在飞船入轨之后，双子星 4 号飞船直接打开了舱门，怀特离开太空船，到舱外进行了长达 21 分钟的太空行走，完成了目视观测、拆卸工作及其他实验，这是美国的第一次太空行走。当怀特打开舱门后，坐在舱内的另一名航天员麦克迪维也暴露在宇宙真空环境中。如果按照苏联的定义，只要航天员暴露在宇宙真空环境中就算进行了太空行走，因此麦克迪维就是“没有出舱坐在座椅上进行的太空行走”，不过美国并不承认这种说法，所以麦克迪维并没有被列入进行过太空行走的航天员名单之内。

1984 年 2 月 7 日，美国挑战者号航天飞机的航天员麦坎德利斯和斯图尔特第一次使用载人机动装置进入太空，在不使用安全装置的情况下进行了太空行走，距离航天飞机最远距离达到了 90 多米，成为世界航天史上第一个“人体地球卫星”。

1984 年 7 月 25 日，苏联女航天员萨维茨卡娅从礼炮七号空间站出舱进行了太空行走，成为第一位进行太空行走的人类女性。

截至目前，进行太空行走次数最多、时间最长的是俄罗斯航天员索洛维约夫，他总共进行过 16 次太空行走，在太空中停留了超过 77 小时 41 分钟。

而在单次太空行走中在太空停留时间最长的是美国航天员赫尔姆斯和沃斯，他们于 2001 年 3 月 11 日从国际空间站出舱，在太空停留了 8 小时 56 分钟，而按照美国宇航局的要求，单次太空行走的时限是 6 小时。

除了进行各种实验之外，太空行走在载人航天中还具有十分重要的意义，在载人航天活动中，航天员需要进行太空行走，对空间站、载人飞船等航天器进行组装和维修，美国航天员曾通过太空行走修复了天空实验室、太阳峰年卫星和哈勃空间望远镜，而苏联航天员则通过太空行走修复了礼炮号空间站，而和平号空间站和国际空间站都是航天员通过多次太空行走才在轨组装建成的，这些工作是无法用其他方式完成的。

中国载人航天的第一次太空行走由神舟七号乘组完成。2008 年 9 月 25 日，神舟七号发射升空，上面搭载了翟志刚、刘伯明和景海鹏三名航天员，他们此行的主要任务就是执行中国首次太空行走。按照计划，翟志刚和刘伯明将出舱执行太空行走任务，景海鹏留在飞船内进行支援。

虽然任务之前经过了长时间的周密准备，但在出舱进行太空行走的过程中，还是发生了许多意外情况。

当翟志刚和刘伯明接到出舱口令，准备开始出舱的时候，他们忽然发现气闸舱的舱门被卡住了，无法顺利打开。面对这种突发情况，翟志刚和刘伯明经过商量，决定继续执行任务，冒着风险将舱门撬开。

撬开卡住的舱门之后，轨道舱内突然传来火灾警报的信号，这让两位航天员更加紧张了。经过简短的交流，两人决定无视警报，继续执行任务，他们已经下定决心，就算自己牺牲也要完成祖国交给自己的任务。当时身在轨道舱内的刘伯明说，如果轨道舱真的着火了，就让景海鹏将轨道舱和返回舱进行分离，这样景海鹏就可以安全返回地球。

幸运的是，这次火灾警报只是误报，并没有火情发生。翟志刚飞出舱外，一手举着鲜艳的五星红旗，另一只手向大家挥手问好，声音沉稳："神舟七号报告，我已出舱，感觉良好！神舟七号向全国人民、全世界人民问好！"随后刘伯明、景海鹏先后进入了太空，中国首次太空行走任务顺利完成，标志着中国成为第三个拥有太空行走能力的航天强国。

在神舟七号之后，中国航天员又进行了多次太空行走，神舟十三号任务期间，女航天员王亚平成功进行了太空行走，成为首位完成太空行走的中国女航天员。

随着中国天宫空间站建成，中国航天员的太空行走任务将会变得更加频繁，为将来征服遥远的星辰大海奠定坚实的基础。

05 工作

◇ ……………………

虽然太空中有着瑰丽神奇的景象，但航天员进入太空肯定不是为了旅行游玩，他们每天都需要承担非常繁重的工作。

在载人航天发展的初期，当时的航天员主要负责通过飞船仪表监控飞船的飞行状态，并在必要的时候对飞船的飞行状态进行人工干预，比如采用手动的方式驾驶飞船。所以当时的航天员基本上都是从战斗机飞行员或者试飞员中挑选出来的，这种做法延续了相当一段时间，许多著名的航天员，比如第一位太空人尤里·加加林、太空行走第一人阿里克谢·列昂诺夫、第一个登上月球的航天员阿姆斯特朗，都曾经是苏联或者美国军方的飞行员。

随着航天技术的不断发展，载人航天任务的内容也在不断增加，航天员所负担的任务除了保证载人飞行器的正常运转之外，还要进行航天科技相关的试验，以及开展天文学、生命科学、材料学、气象学等方面的科研，在太空科研领域发挥着重要的作用。

在空间站中，航天员承担着对空间站进行维护和维修的重任，包括在舱内更换设备、更换备件，也包括舱外设备的安装和维护。在太空恶劣的条件下，空间站上的各种装置、仪器和零件难免会出现故障，如果将发生故障的部分运回地面进行修理再重新发射回太空，花费的成本实在太高，连美国和苏联这样的超级大国也无法承担，所以让航天员修理这些故障或者更换部件，就成了最可行的选择。

在载人航天的历史上，各国的航天员曾经多次执行航天器维修任务，并且取得了良好的成绩，比如苏联航天员对礼炮七号空间站的紧急维修堪称典范。

礼炮七号是苏联礼炮系列空间站的最后一位成员，1982 年 4 月 19 日发射升空，随后的两年多时间里接待了多个航天员乘组。

礼炮七号空间站

1985 年 2 月 11 日，当时的礼炮七号空间站正处于无人运行阶段，地面控制中心突然发现礼炮七号上的主无线电发射机莫名其妙地关闭了。经过对之前遥测信号的分析，地面控制中心认为无线电发射机跳闸了，但无线电接收机还在工作，所以打算重启无线电发射机，可是重启指令发出后，不但无线电发射机没有反应，连无线电接收机也罢工了，地面控制中心与礼炮七号彻底失去了联系。

此时的地面控制中心已经意识到礼炮七号遭遇的故障比当初预料的要严重得多，完全失联的礼炮七号就像是悬在所有地球人头顶的达斯克摩利剑，不知道什么时候就会从天而降，携带着近 20 吨的质量砸在地球上某个不可预测的地点，可能落在杳无人烟的荒漠或者大海上，也可能落在人口稠密的城市中心。为了避免最坏的情况出现，唯一的办法就是派出航天员去修理礼炮七号空间站。

虽然说起来简单，但这个任务所面临的挑战和风险是惊人的。想要进入礼炮七号空间站进行修理，航天员乘坐的载人飞船必须与其进行对接，在正常情况下，两个航天器在对接时需要进行复杂的通信联系，从而确定各自的姿态、轨道、速度等参数，再根据这些参数进行调整，然而此时礼炮七号空间站已经失联，什么通信、调整的功能通通下线，航天员乘坐的载人飞船想要对接只能选择找准机会“霸王硬上弓”，即使是在地面上，这样的操作也面临着巨大的风险，更何况是在危机重重的太空里。除此之外，礼炮七号内部的环境情况也是一个谜，到底有哪些装置损坏了，有没有引起过火灾，环境控制和温度控制系统还能不能运作，有没有气体泄漏……这一切都是未知的，最坏的情况下，航天员所要面对的是一个不断旋转着的空间站残骸。

经过慎重的挑选，修复礼炮七号的重任落在航天员弗拉基米尔·贾尼别科夫和维克托·萨维尼赫肩上。贾尼别科夫是这次行动的指令长，也是一位经验丰富的航天员，曾经在空间站上工作 211 天，还曾经驾驶联盟号载人飞船与礼炮七号进行手动对接。萨维尼赫则是一位经验丰富的维修工程师，曾经在礼炮六号上工作 74 天，当时他的搭档就是贾尼别科夫。

由于有许多准备工作要做，再加上各种延误，直到 1985 年 6 月 6 日，两名航天员乘坐的联盟 T-13 号载人飞船才发射升空，此时距离礼炮七号失联已经过去了近四个月。

经过两天的飞行之后，礼炮七号终于出现在两位航天员的视线之内，好消息是，此时空间站的飞行姿态比较稳定，坏消息是，礼炮七号的太阳能电池板并没有在工作，这意味着礼炮七号的电力系统已经崩溃。

在贾尼别科夫胆大心细的娴熟操作下，载人飞船成功与空间站对接，接着两人做好了准备，打开了通往礼炮七号的舱门。

幸运的是，礼炮七号上并没有发生过火灾，各种设施基本上保存完好，内部的气压也基本正常，借助舷窗照进来的阳光，他们甚至看到了桌上摆着前任乘组留下的饼干和盐，这是俄国人欢迎朋友的传统礼节。

由于礼炮七号上的电力系统完全崩溃了，环境控制系统无法工作，空间站内的温度降低到-5℃左右，而且通风系统停止了运作，这就意味着航天员呼出的二氧化碳会积聚在他们周围，时间长了可能会导致窒息。在这种环境下，两位航天员只能轮流进入空间站进行检查和维修工作，另一个人则留在联盟飞船内监视是否有二氧化碳中毒迹象。

经过测试，两位航天员发现8组蓄电池中的6组还能工作，为了安全起见，他们用十几根电缆把蓄电池组和太阳能电池板直接连了起来，这样就可以避开可能存在的短路。

接下来的问题是，在没有电的情况下，礼炮七号的太阳翼没法自动朝向太阳，也就没法进行发电。两位航天员经过和地面控制中心商量，决定用联盟飞船带动空间站调整位置，从而让空间站的太阳翼朝向太阳的方向。这种堪称胆大妄为的操作取得了令人惊叹的成功，经过一天艰苦的充电过程之后，礼炮七号上的五组电池充满了电，两名航天员经过试验确认没有短路之后，将电池组重新接入礼炮七号的电力系统，随着灯光亮起来，礼炮七号终于再次获得了电能的供应。

有了电之后，两位航天员的维修进展快了许多。6月10日，通风和环境控制系统被修复，两位航天员终于不用再面对二氧化碳中毒的威胁了。6月13日，通信系统修复完成，地面控制中心在时隔四个多月后终于重新与礼炮七号建立了联系，空间站的姿态控制系统经过重启重新开始工作，自动对接系统经过测试也没有问题。由于空间站供水系统中的加热器被冻坏了，两位航天员使用空间站的剩余物资做了一个简陋的“热得快”作为替代，虽然看起来不怎么样，但能用，这就够了。

到了6月16日，礼炮七号空间站的维修工作基本上结束了，两位航天员用他们过人的勇气和智慧以及娴熟而具有创造性的维修技术拯救了这座空间站。6月23日，进步24号货运飞船与礼炮七号空间站成功对接，为两位航天员送来了补给，随后两位航天员开始继续在空间站上工作。贾尼别科夫工作了110天，乘坐联盟

T-13 飞船返回，萨维尼赫则在礼炮七号上工作了 169 天，后来乘坐联盟 T-14 飞船返回。回到地面之后，他们都被授予“苏联英雄”的称号。

除了空间站之外，航天员还负担着对其他人造航天器的在轨维修工作，比如美国的哈勃望远镜就曾经经过多次在轨维修。

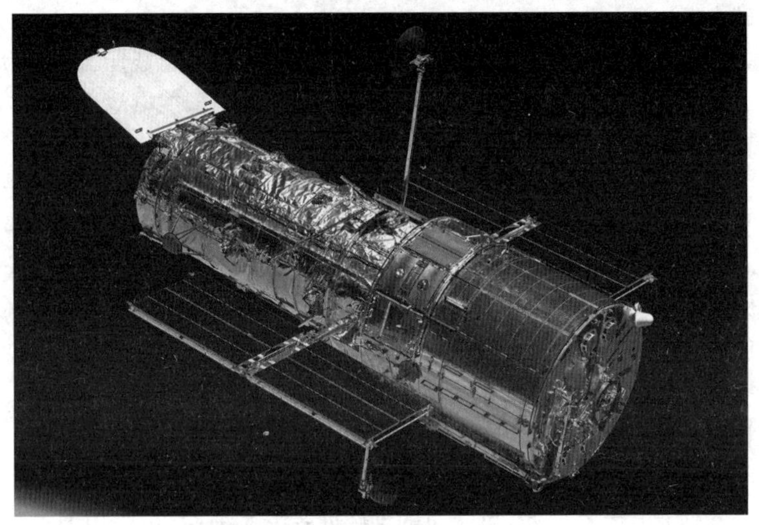

哈勃望远镜

1990 年，在哈勃望远镜发射升空后不久，地面控制中心就发现出了问题，他们收到的哈勃望远镜传回的图片质量远低于预期，不但清晰度非常低，有些上面还有莫名其妙的黑点，根本无法在研究中应用。

经过研究，科学家发现是哈勃望远镜的主镜头在磨制过程中出现了误差，导致成像效果不佳。为了解决这个问题，美国派出航天员乘坐航天飞机对哈勃望远镜进行了维修，为其戴上了一个“眼镜”，效果立竿见影，戴了眼镜的哈勃望远镜立刻进入了工作状态，传回了大量清晰度极高的照片。

随后在 1997 年、1999 年、2001 年，美国航天局都曾经派出航天员，对哈勃望远镜已经出现或者可能出现的问题进行了三次维修，更换了出问题的零件。

对哈勃望远镜最大规模的维修行动发生在 2009 年，此时哈勃望远镜已经服役了近 20 年，许多零件都已经老化，为了延长其使用寿命，美国宇航局组织了一支由 7 名航天员组成的维修队伍，乘坐亚特兰蒂斯号航天飞机升空，前往太空对哈勃望远镜进行第五次维修。

当亚特兰蒂斯号航天飞机上的机械臂成功捕获哈勃望远镜之后，维修行动正式开始。接下来的五天里，航天员每天都要在太空工作六七个小时，执行上千项任务，他们需要不断和地面工作人员沟通，从而决定使用什么设备更换旧的零件。在这五天里，他们随时可能被太空中高速飞行的微小陨石或者太空垃圾碎片击中，这将带来致命的后果。

整个维修行动最终顺利完成，随着亚特兰蒂斯号上的机械臂将哈勃望远镜放开，哈勃望远镜的第五次维修任务完美结束。

中国天宫空间站里的航天员同样担负着空间站维护和维修的重任，在空间站建设的过程中，许多舱外的装置需要进行连接、调试和维护，这些工作都需要航天员去完成。另外，空间站的在轨测试，生命保障系统的维护，空间站物资和废弃物的管理等也是航天员日常工作的一部分。

除了对空间站进行建设和维护，中国天宫空间站还承载着繁重的科研任务，问天实验舱和梦天实验舱都搭载了为数众多的实验设施，其中很多实验都需要航天员进行操作。

问天实验舱的任务以生命科学和生物技术研究为主，主要包括空间生命科学与生物技术、微重力流体物理、空间材料科学、空间应用新技术试验等四个研究方向，部署了生命生态实验柜、生物技术实验柜、科学手套箱与低温存储柜、变重力科学实验柜等科学实验设施。

梦天实验舱则主要面向微重力科学研究，搭载了超冷原子物理实验柜、高精度时频实验柜、高温材料科学实验柜、两相系统实验柜、流体物理实验柜、燃烧科学实验柜、在线维修装调操作柜等7个方面的8个科学实验柜，能够在微重力基础物理、空间材料科学、微重力流体物理与燃烧科学等方向开展相关的科学实验和应用研究。

为了保证这些实验能够顺利完成，航天员需要与地面上的科学家进行紧密的合作，共同协作开展各种科学实验。

06　学习

◇ ……………………

成为一名航天员去遨游太空，这是多少人年少时的梦想，然而真正能够实现这个梦想的人却少之又少。那么，成为一名航天员需要具备哪些条件？又需要学习哪些知识？

在载人航天发展初期，航天员都是从战斗机飞行员或者试飞员中进行选拔的，这些飞行员原本就是经过层层选拔和长时间培训的专业精英，而航天员则是从中优中选优，挑选其中的佼佼者。

成为航天员的基础条件是有一个健康的身体，全身上下没有已经表现出来的或者潜在的病变，这就需要进行细致的身体检查。体检对我们大多数人来说都不算陌生，少则半天多则一两天就能完成并拿到体检报告，但对报名参加航天员选拔的预备航天员来说，他们需要住进特殊的医院，进行长达一个月的健康检查，除了检查身体疾病、潜在疾病或者遗传疾病之外，还会检查预备航天员的身体素质，包括耐力、神经敏感性、对特殊环境的适应性与稳定性等，通过离心机模拟超重、低压缺氧、噪声干扰等多种近乎折磨的检测方式，考察被选拔者的身心极限。在进行身体检查的同时，还有心理专家与预备航天员进行谈话沟通并进行各种问卷调查，从而了解其性格、智力、思维能力、抗压能力、认知和决策能力等方面的信息。

体检合格的预备航天员会被带到航天员培训基地进行集训，并在那里接受一系列针对性的学习和训练，在学习期间还要进行一轮轮的考核，不合格者会被淘汰。在这期间他们要面对非常大的学习压力和考核压力，只有最优秀的人才能留到最后。

在培训基地，预备航天员需要学习大量与航天科学相关的知识，包括载人航天工程基础、航天医学基础、解剖生理学基础、火箭和飞船的设计原理、飞行动力学、气象学、天文学、设备检测等。

航天员培训器材

基础知识考核合格的预备航天员将进入学习的第二阶段，在这个阶段里，他们需要熟练掌握载人飞船的结构和各系统的工作原理及工作模式，还要熟练掌握各种航天任务的操作流程、飞船设备的操作和空间试验的操作等技术。

学习的第三阶段在与真实飞船相同的训练模拟器上完成，通过实景仿真体验驾驶飞船的感觉，让预备航天员能够掌握处理各种问题的办法，知道应该注意观察什么，什么时候与地面联系。

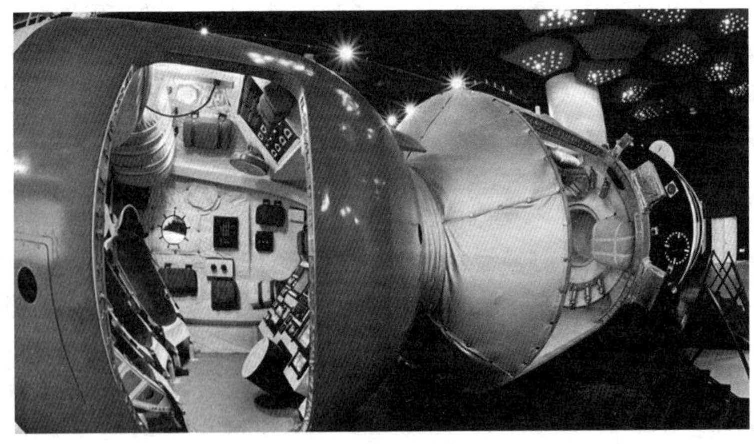

空间站模型

第四阶段则是前往发射场、回收场进行实地演练，熟悉载人飞船的发射、回收流程，还需要在沙漠、寒区、雨林、海上等不同地形配合搜救队进行救生演习，学习在陆地和水面上如何野外生存和自救，以及如何与搜救队进行联系。

在这四个学习阶段里，预备航天员还要一直进行高强度的体能训练，包括上肢力量训练和核心力量训练，这是因为航天员在太空失重环境中开展工作或者进行太空行走等舱外作业都需要强大的上肢力量。经过数据化分析可以发现，航天员的上肢力量强度与皮划艇、体操等专业运动员不相上下，甚至略有超出。

同样贯穿整个学习阶段的还有针对太空失重环境的特殊适应性训练，由于在地面很难制造出失重环境，所以各国在航天员的训练过程中一般会使用巨大的水槽模拟太空中的失重环境。这种训练方式可以为航天员模拟出舱活动时的感觉，特别是对舱外行走、出舱装配和维修等舱外作业来说，是最为有效的训练手段。模拟失重训练的水槽规模庞大，可将与真实空间站或飞船等大的模型放置其中。训练时，潜水员可以通过调整航天员水槽训练服上配重铅块的数量或位置调整航天员的姿态，从而模拟失重环境的操作效应。模拟水槽训练，可以使航天员体验和掌握模拟失重状态下身体的运动与姿态控制，了解和掌握舱外航天服的使用方式，从而熟练掌握出舱活动操作的特点、方法、技巧，实际操作开关舱门、出舱和进舱、舱外行走、舱外作业等工作。

巨大的水槽被用来模拟太空失重环境

经过严格的训练和考核，最终合格的预备航天员就有机会进入太空，成为一名真正的航天员。

不过即使在地面上的训练再严格、科学，都不可能真正模拟出太空环境，航天员在进入太空之后，仍然需要学习、适应，才能在最短时间内熟悉太空，进入工作状态。

对地面上的人来说，太空中的空间站就像是神仙居住的天宫，始终笼罩着一层神秘的面纱，为了普及航天知识，让更多的人特别是青少年更好地了解太空、空间站，提升他们对航天科技的兴趣，各大航天强国都花费了不少心思，在空间站里“开课”就是一种很好的方式。

最早做出这方面尝试的是美国宇航局。1984 年，美国宇航局宣布了一个名为“教师在太空”的计划，在全美范围内挑选一名优秀的中小学教师，这位教师将接受航天员的训练，随后乘坐航天飞机进入太空，在那里向全美国的中小学生进行一次“太空授课”，如果一切顺利的话，这将是人类的第一次“太空授课”。这个计划在美国引起了广泛的关注，共有 1 万多名中小学教师报名参加。

经过严格的测试和筛选，37 岁的女教师克里斯塔·麦考利夫从众多的竞争者中脱颖而出，幸运地成为美国第一位平民航天员，同时也将是全世界第一位在太空授课的教师。与她同时被选中的还有一个叫作芭芭拉·摩根的女教师，她将在本次“太空授课”行动中作为克里斯塔·麦考利夫的替补。

经过一段时间的训练之后，1986 年 1 月 28 日，克里斯塔·麦考利夫和另外 6 名航天员一起，乘坐“挑战者”号航天飞机从肯尼迪航天中心发射升空，她所在学校的学生和美国众多中小学的学生都从电视上观看了这次发射直播。航天飞机发射升空的那一瞬间，情绪激动的学生为他们的老师高声欢呼，他们目送着自己的老师飞往太空，对即将进行的“太空授课”满心期待。

然而，就在“挑战者”号航天飞机升空后不久，不幸的事情发生了，由于一个 O 形密封圈出了问题，火箭助推器的燃料舱发生了泄漏，引发了灾难性的后果。升空 73 秒之后，高速飞行中的航天飞机突然在 15 千米的高空发生了剧烈爆炸，机上包括克里斯塔·

麦考利夫在内的7名航天员全部罹难。

由于这次事故，美国的航天飞机飞行计划暂停了32个月，而原定的“太空授课”也随之取消。

不过故事到这里并没有结束。原本作为克里斯塔·麦考利夫替补的芭芭拉·摩根在悲剧发生之后被指定为“教师在太空”项目的继承人，虽然她回到学校继续担任教师的工作，但一直保留着“航天顾问”这一身份。1998年，芭芭拉·摩根突然接到征召电话，希望她辞去教师工作，以“教师航天员”的身份重新回到美国宇航局。在慎重的思考之后，芭芭拉·摩根接受了这份新工作。

2007年8月8日，已经55岁的芭芭拉·摩根乘坐“奋进号”航天飞机飞上太空，登上了国际空间站。8月14日，芭芭拉·摩根在国际空间站开设“太空课堂”进行太空授课，成为第一位进行太空授课的“太空教师”，在她授课的时候，其他航天员都成了她的“助教”。在这次授课过程中，她与地面上的学生进行了“天地连线”，通过视频向学生展示了在太空运动、喝水等情景。这次太空授课的影像资料后来被广泛传播，成功吸引了全世界青少年的目光，让他们对太空有了更多美好的憧憬。

随着中国载人航天技术的发展，中国的“太空授课”也被提上了日程。

2013年6月20日，在天宫一号空间站，中国的第一次天宫课堂顺利开课，主讲老师是神舟十号乘组的航天员王亚平，“助教”则是同乘组的航天员聂海胜和张晓光。

在这次天宫课堂里，王亚平通过几个小试验向参与天地互动的中国中小学生讲解了“微重力环境下物体运动的特点”“液体表面张力的作用”等内容，新奇的实验现象让孩子们大开眼界，对质量、重量以及牛顿定律等基本物理概念有了更明晰的理解。

王亚平的这堂课时长约为50分钟，与学校里的一节课时间差不多，然而就在这不长的一段时间里，距离地面大约340千米的天宫一号空间站已经绕地球飞行了半周多。

这次太空授课面向全球进行了直播，仅在中国就有超过6000万中小学生通过电视转播同步上课，这也使得本次天宫课堂成为有史以来单次规模最大的教学活动，在全中国乃至全世界都产生了巨大反响，在整整一代人心中播下了追逐航天梦想的种子。

在这次太空授课之前，第一位太空教师芭芭拉·摩根通过新华社向王亚平发来一封信，对她表示祝贺，表达了对中国太空授课的期许。在课程结束之后，王亚平第一时间给芭芭拉·摩根回复了电子邮件。这两位生于两个不同时代、属于两个不同国家的“太空女教师”的隔空对话，成为航天史上的一段佳话。

2021 年 12 月 9 日 15 时 40 分，中国的天宫课堂再次开课了，这次的课堂设置在中国天宫空间站，主讲老师仍然是女航天员王亚平，“助教”则是神舟十三号乘组的另外两名航天员翟志刚和叶光富。

此次天宫课堂活动除了进行全程现场直播之外，还在中国科技馆设立了地面主课堂，并在广西南宁、四川汶川、香港、澳门分设了四个地面分课堂，1420 名中小学生代表来到课堂里参加活动。授课期间，王亚平、翟志刚和叶光富三位航天员通过视频通话形式，与地面课堂的师生进行了实时互动交流。

2022 年 3 月 23 日，天宫课堂第三次开课了，此时已经是神舟十三号乘组航天员王亚平、翟志刚和叶光富在轨驻留的第 159 天，按照计划，他们即将结束任务返回地球，在即将返程之际，王亚平他们又给中国及全世界的孩子们上了一堂“太空课”，这是中国航天员第三次在自己的空间站进行太空授课，这也是神舟十三号乘组此行的第二堂太空课。

随着中国空间站建设完成，其作为科普教育基地的重要作用也越来越凸显，天宫课堂已经成为在全球范围内具有巨大影响力的教育品牌，对激发社会大众特别是青少年弘扬科学精神、热爱航天事业具有重要的意义。

07 休息

◇ ……………………

经过严格的选拔和训练，航天员具有远超常人的体能和意志力，能够在恶劣的环境下胜任高强度、高难度的工作，但他们毕竟不是永不磨损的机器，在工作之余也需要足够的休息恢复精力，然后才能投入下一阶段的工作中。

对人类来说，最好的休息就是睡觉，然而，睡觉只是休息的一种方式，而休息并不等同于睡觉。人在不工作或者不上学的时候，除了睡觉，还有很多其他的事可以做。

除了睡眠，洗澡也是很好的休息方式，痛痛快快地洗个澡不但能够清洁身体，还能让人身心愉悦。在空间站里，水是十分贵重的物资，而且在洗澡时会引起水珠四处漂浮，威胁航天员和空间站的安全，所以航天员无法像在地面上一样洗澡。对身体的清洁，航天员会采用擦拭的方式。空间站里为航天员配备了湿毛巾，当他们想清洁身体的时候要先将湿毛巾加热，然后就可以擦拭身体了。航天员洗头时会用到一种自带洗发液和水特制的浴帽，洗头时只需要将这种浴帽戴在头上，隔着浴帽对头发进行揉搓，最后用另一顶浴帽进行擦拭，洗头工程就这样完成了。

还有一件事情，懒人听到肯定会很开心，那就是在空间站的航天员是不需要洗衣服的，他们更换下来的衣服会和其他废弃物一起存放在货运飞船里，在货运飞船坠入大气层时一同燃烧殆尽。

日常生活里，很多人都喜欢将健身锻炼作为自己的休闲活动，而对航天员来说，锻炼不仅是一种休闲，也是在太空中每天要开展的日常活动。在太空失重环境的影响下，航天员的身体会发生一系列的变化，比如会出现肌肉萎缩、骨密度降低，心血管系统也会发生改变。在失重环境中的时间越长，航天员身体受到的影响也就越大。如果不采取措施预防或减少这些变化，航天员返回地面后就不能再适应地面上的重力环境，所以航天员在空间站也要进行科学的体育锻炼。只有持之以恒的锻炼，才可以减少失重对航天员的影响。对在空间站长期驻留的航天员来说，每天的运动时间不应该少于两个小时。

太空跑步试验机

为了方便航天员锻炼身体，空间站内设有专门的锻炼区，航天员可以在这里使用健身单车、跑步台等器材。为了适应太空的失重环境，这些健身器械都是经过特殊设计的。

太空跑步台上安装有束缚装置，用来将航天员束缚在跑步机上，并向航天员脚下的方向施加一定的压力，从而模拟出重力的效果，让航天员在跑步机上能够像在正常的重力环境下一样进行运动，从而达到锻炼骨骼肌的目的。

太空自行车的外形类似于健身房的动感单车，原理也相同，都是利用电磁力或者摩擦力增加蹬踏时的阻力，从而达到锻炼腿部肌肉的目的，航天员在蹬车时还可以佩戴专用的呼吸器，用来强化心肺功能。

拉力带也是太空健身的重要设备，它能够增加动作的阻力，有利于锻炼肌肉力量。和在地面上有些不一样的是，航天员在失重条件下可以更加随心所欲地使用拉力带进行锻炼，做出许多在地面上难以做到的高难度动作。

除了锻炼身体，空间站里的航天员有时候也会进行一些趣味性运动，比如神舟十二号乘组的三名航天员曾在空间站打乒乓球，还有航天员会举办“太空翻跟头”比赛，给空间站生活增添了不少的趣味。

透过舷窗看地球

在工作之余，航天员也有属于自己的闲暇时间，他们会选择自己喜欢的娱乐方式。欣赏瑰丽的太空美景，是每位航天员都喜欢的一种休闲方式，透过空间站上的舷窗，既可以看到壮美的太空，也可以看到生机勃勃的蔚蓝色地球，在这背景之上，空间站上的太阳翼和对接的飞船则充满了科技的美感，两者相得益彰、相映成趣。

在载人航天发展的初期，运行在地球轨道上的载人飞船和空间站与地面通信完全依赖各地的测控站，一旦离开测控站的信号范围，两者之间的通信就会立刻中断，所以通信窗口期非常宝贵。随着航天科技的发展，中继卫星的出现解决了通信的难题，让空间站和飞船能够随时和地面保持联络。

随着通信技术的不断发展，空间站里也能够做到无线网络全覆盖，航天员在闲暇时可以用手机登录互联网，不但可以看新闻、追剧、看直播，还能非常方便地和地面上的亲朋好友进行一场“天地视频聊天”。

航天员的生活紧张、忙碌，充满各种危险，却也不乏新奇、美好和欢乐。那么，对于普通人来说，有没有办法亲身体验一下航天员的“快乐生活”呢？当然没问题，“太空旅游”项目欢迎你！

目前一共有四种可以被称为“太空旅游”的项目，分别是抛物线飞行、高空飞行、亚轨道飞行和轨道飞行，根据提供的服务不同，价格相差也非常大。

严格来说，“抛物线飞行”并不是真正意义上的太空旅游，它只能让游客体验时长在半分钟左右的失重感，这也是航天员进行失重训练的方式之一。俄罗斯有专门的机构为顾客提供抛物线飞行的旅游项目，游客只需花费 5000 美元左右，就可以乘坐俄罗斯宇航员训练用的“伊尔-76”等飞机做抛物线飞行，在短暂的时间里体验失重的感觉。

“高空飞行”也不是货真价实的太空旅游，但它能让游客体验身处极高空才有的感觉。游客可以乘坐俄罗斯的“米格-25”和“米格-31”高性能战斗机飞到距地面 18 千米的高空，在那里可以清晰地看到脚下地球的弧形曲线和头顶黑暗的天空，体会身处太空的无边空旷感。参加这个项目，每位游客需要支付大约 1 万美元。

“亚轨道飞行”能把游客送到距离地面数十千米的高空，当飞船的火箭发动机熄火之后，游客能感觉到明显的失重感，这种感觉会持续几分钟，直到飞船重新进入大气层。美国的私营载人飞船“宇宙飞船一号”和俄罗斯计划研制的“C-XXI”旅游飞船可以为游客提供亚轨道飞行的服务，收费约为每人每次 10 万美元。

想要和航天员一样实现真正的轨道飞行，目前所需的费用高达数千万美元，只有那些富豪才有能力负担。

美国富商丹尼斯·蒂托是第一位太空游客，他曾经是美国宇航局喷气推进实验室科学家，1972 年开始经营投资公司，积累了惊人的财富。为了圆自己的太空梦，丹尼斯·蒂托和俄罗斯航天局合作，于2001年4月28日搭乘联盟TM32号飞船从哈萨克斯坦的拜科努尔航天发射场出发，前往国际空间站，并在上面度过了8天，随后在5月6日安全返回地面，这趟空间站之旅让他成为全世界第一位太空游客，而他为这8天的旅行支付了2000万美元的费用。

宇航员要学会操纵航天飞船，而游客要做的仅是听从宇航员的命令，不要给担任“导游”的宇航员制造麻烦，因此他并不需要经过严格而系统的训练。

虽然对太空游客的技术要求不高，但有一个条件是必需的，那就是健康的身体，所以在成为太空游客之前，必须要经历严格的体检，如果有严重的基础疾病，即使有足够多的钱也没法进入太空。

在丹尼斯·蒂托之后，此后的8年里又有6名太空游客陆续登上国际空间站，分别是南非人沙特尔沃思、美国人奥尔森、伊朗裔美国人安萨里、匈牙利裔美国人希莫尼、美国人加里奥特和加拿大人拉利伯特，这些人无一例外都是超级富豪，他们每个人付出的“旅游费”费用大概在2000万至3500万美元之间。

2021年10月5日，导演克利姆·希彭科和女演员尤利娅·别列希尔德乘坐联盟号飞船前往国际空间站，并在这里停留了12天，除了作为太空游客之外，他们还用10天时间拍摄了全球首部真正的“太空电影”。这部电影名为《挑战》，讲述一名宇航员需要接受外科手术，但由于身体状况无法乘坐飞船返回地球，最后只能派一名医生前往太空救助宇航员，这位医生临危受命，接受短暂的培训之后前往空间站救人的故事。虽然以往曾经有过关于空间站的纪录片和科幻短片，但《挑战》却是第一部在太空拍摄的剧情长片。

2021年12月8日，日本亿万富豪前泽友作与助理平野洋三乘坐俄罗斯联盟号MS-20载人飞船前往国际空间站，展开为期12天的太空之旅，并于12月20日返回地球。

2022年4月8日，SpaceX公司的龙飞船搭载着第一个“太空旅行团”发射升空，这个旅行团的四位成员全部属于“非官方的私人宇航员”，也就是太空游客。根据估计，这些太空游客每个人的费用大约为5000万美元。

中国目前还没有开展太空相关的旅游项目，但按照中国载人航天的发展规划，太空旅游也是未来的发展方向之一，还被写入国务院新闻办公室发布的《2021 中国的航天》白皮书中。

虽然目前太空旅游还是超级富豪的“烧钱游戏”，但随着航天科技的不断发展，相信在未来的某一天，所有人都将有机会进入太空去欣赏浩瀚无垠的星空。

圆梦之路

01 飞起来了

◇

人类“飞天梦”的实现，最早是从热气球开始的。

中国古代就有“孔明灯”，传说是诸葛亮发明的，也有传说是五代时期一个叫作莘七娘的女子发明的，她随丈夫在福建打仗，为了与友军联络，便用竹篾扎成方架，糊上纸做成大灯，并在底盘上放置了燃烧着的松脂，灯在热空气的推动下飞上天空，在地面上的人很远就能看到，由于这种灯笼的外形像诸葛亮的帽子，所以叫孔明灯。

第一个载人热气球由法国孟格菲兄弟发明，1783 年 11 月 21 日下午，孟格菲兄弟在巴黎穆埃特堡进行了世界上第一次热气球载人空中飞行，这次飞行持续了 25 分钟，飞越了半个巴黎，最后降落在意大利广场附近。

随着科学技术的进步，蒸汽机、电动机、内燃机等动力装置相继问世，气球的动力来源得到了解决，演化成了一种新的飞行装置——飞艇。

飞艇

1898 年，德国工程师齐柏林设计并制造出了硬式飞艇。这种飞艇使用结构完整的骨架保持气囊的外形，采用活塞式发动机作动力，因而飞行性能好，装载量大。1900 年，齐柏林驾驶他那庞大的硬式飞艇成功飞越了康斯坦茨湖，引起轰动。

1903 年 12 月 17 日，世界上第一架载人动力飞机在美国北卡罗来纳州的基蒂霍克飞上了蓝天，这架飞机的发明者是美国的威尔伯·莱特和奥维尔·莱特兄弟。从此以后，飞机登上了历史舞台，成为人类最重要的科技发明之一。

然而无论是飞机还是飞艇，都只能在大气层中飞行，无法摆脱地球引力的束缚。

想要脱离地球引力，就要使飞行器达到宇宙速度。“宇宙速度”是指从地球表面发射飞行器，在环绕地球、脱离地球和飞出太阳系所需要的最小速度，分别称为第一、第二、第三宇宙速度。

假设地球是一个标准的球体，周围没有大气，物体环绕地球运动的最低轨道就是与地球半径相同的圆轨道。按照计算，这时物体具有的速度就是第一宇宙速度，约为每秒 7.9 千米。物体达到第一宇宙速度以后，不需要再加动力就可以环绕地球运动。

地球上的物体要脱离地球引力成为环绕太阳运动的人造行星，需要的最小速度就是第二宇宙速度，约为每秒 11.2 千米，地面上的物体获得这样的速度就可以沿一条抛物线轨道脱离地球。

地球上的物体飞出太阳系所需的最小速度称为第三宇宙速度，约为每秒 16.7 千米。地面上的物体在充分利用地球公转速度的情况下，再获得这一速度后可沿双曲线轨道飞离地球。当它到达距地心 93 万千米处，便被认为已经脱离地球引力，以后就在太阳的万有引力作用下运动。这个物体相对太阳的轨道是一条抛物线，最后会脱离太阳引力场飞出太阳系。

因为有大气阻力的存在，即使是最低的第一宇宙速度，运行在大气层内的飞机和飞艇等飞行器也无法完全达到，想要达到这个速度必须有一种新的运载工具，就是火箭。

02 导弹和火箭

◇ ……………

20世纪初，在飞机发明的同时，世界各国的科学家已经开始研究将火箭作为航天器的可行性。

1926年，美国火箭专家罗伯特·戈达德制作并成功发射了一枚采用液氧和汽油作为燃料的火箭，这是人类历史上第一枚升空的火箭，虽然这枚火箭只飞到了56米高，但它在人类航天史上却具有里程碑一般的特殊意义。在后续的研究中，罗伯特·戈达德成功地应用三轴控制、陀螺仪和可控的推力到火箭上，有效地控制了火箭的飞行。虽然他的工作是革命性的，但是在当时他的研究和实验工作并没有得到广泛的支持，他的航天理论被评论家公开嘲笑。在罗伯特·戈达德死后，火箭和太空时代以不可阻挡的势头汹涌而来，人们这才意识到他的价值。由于其对航天科学杰出的贡献和伟大的先驱精神，罗伯特·戈达德被尊称为“现代火箭之父”。

第二次世界大战期间，火箭技术得到了突飞猛进的发展，其中最具代表性的就是V2火箭，也就是V2导弹，在当时，火箭是作为导弹的推进部分存在的，两者之间并没有什么区别。

V2火箭最初就是作为一种强大的毁灭性武器诞生的，代号中的“V”来源于德文Vergeltung，意思是“复仇的武器”，表明这是纳粹德国为了向盟国对其的轰炸进行报复而研制出来的武器。

1936 年，在希特勒的支持下，冯·布劳恩开始主持火箭的研究工作，最初称为“A”系列火箭，1940 年，为了对盟军轰炸德国进行报复，该系列火箭被改为“V”。

V2 火箭的复制品试发射

1942 年 10 月，V2 火箭研制完成，并进行了试验。这是一个长达 13.5 米的庞然大物，由液体火箭发动机推动，使用液氧和甲醇作为燃料，发射全重达到 13 吨，能把 1 吨重的弹头投送到 300 千米外的地方。在试验中，V2 火箭最高爬升到了距地面 97 千米的高度，成为第一个进入太空的人造物体。

1944 年，随着苏联的反攻和盟军在诺曼底登陆，纳粹德国岌岌可危，为了报复盟军，德国开始对伦敦等盟军控制的城市进行大规模的轰炸，V2 火箭在其中担任了重要的角色，这也是导弹第一次被运用到战争中。由于当时制导系统的精度有限，所以 V2 火箭的攻击存在较大误差，很难精准地命中目标，不过其巨大的威力和庞大的数量仍然给伦敦带来了难以估量的损失。

1945 年，随着纳粹德国的覆灭，包括冯·布劳恩在内的 400 多名火箭专家向美军投降，随后来到美国继续进行火箭研究。与此同时，苏联同样意识到火箭的重要性和潜在价值，在得到纳粹德国火箭研究的部分资料后，加速开展火箭相关的研究。

随着第二次世界大战的结束，美国和苏联很快开始了冷战，为了在空间、航天技术等领域取得优势，双方都加大了投入。

1957 年，苏联率先使用运载火箭将第一颗人造卫星送入太空轨道，又在 1961 年 4 月 12 日将第一位航天员尤里·加加林送上了太空，随后安全返回。美国则在 1961 年开始了宏伟的阿波罗计划，使用冯·布劳恩领衔设计的土星五号火箭把航天员送上了月球。

03 地球新卫星

◇ ……………

世界上第一颗进入太空的人造卫星由苏联在 1957 年 10 月 4 日发射升空，名为斯普特尼克 1 号，也叫卫星 1 号，“斯普特尼克”由俄语音译而来，在俄语中的意思是“旅行者”。

斯普特尼克 1 号是一个直径为 58 厘米的铝合金圆球，质量为 83.6 千克，伸出 4 根鞭状天线，其中一对天线长 240 厘米，另一对长 290 厘米，从外形上看很有“科幻感”。圆球内部的质量主要集中于 3 块银锌电池上，它们大约占据了总质量的 60%。电池用来为两台无线电发射机供电，使其能够在升空后不断向地面发出信号。此外，在斯普特尼克 1 号上安装有一台磁强计、一台辐射计数器，以及用来测量卫星内部温度与压力的感应元件。

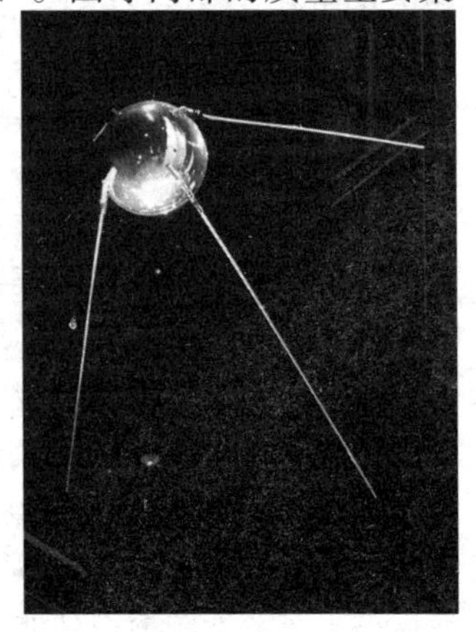

斯普特尼克 1 号

斯普特尼克 1 号进入太空之后工作了 22 天，1957 年 10 月 26 日，由于搭载的电池耗尽，这颗卫星在太空中沉寂。1958 年 1 月 4 日，斯普特尼克 1 号脱离轨道，随后在大气层中焚烧殆尽。它总共在太空中运行了 92 天，绕着地球飞行了大约 1400 圈，行程超过 6000 万千米。

斯普特尼克 1 号似乎并没有什么“实用价值”，但它却是人类走向太空的第一位“先驱者”，其本身就是人类文明发展的里程碑，应该永远被人们铭记。

在斯普特尼克 1 号之后，美国在 1958 年 1 月 31 日发射了名为“探险者”的人造卫星，随后法国、日本先后发射了自己的人造卫星。

1970 年 4 月 24 日，东方红一号从酒泉卫星发射中心升空，中国人拥有了自己的人造卫星，“东方红、太阳升”的雄壮歌声从太空洒向大地，这标志着中国成为世界上第五个拥有研制、发射人造卫星的国家。

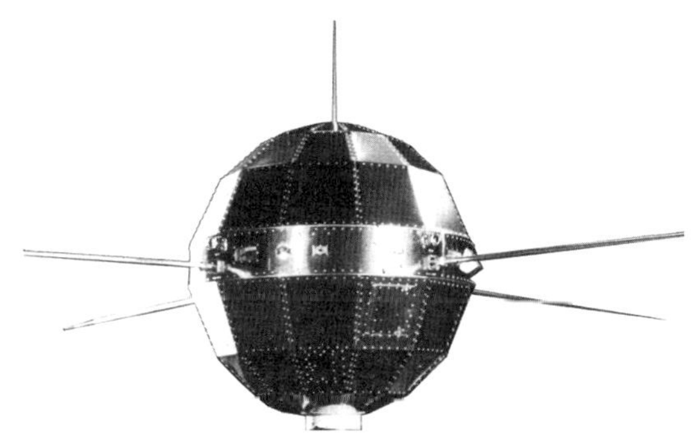

东方红一号

1971 年 3 月 3 日，中国成功发射了空间物理探测卫星实践一号。

中国第一颗通信卫星是 1984 年 1 月 29 日发射的，这是一颗试验通信卫星，这次试验取得了部分成功，收获了重要的经验。

1984 年 4 月 8 日，中国成功发射了第一颗静止轨道试验通信卫星东方红二号，使中国成为世界上第五个自行发射地球静止轨道通信卫星的国家。

实用广播通信卫星东方红二号甲于 1988 年 3 月 7 日成功发射，该卫星大大改善了中国的通信和广播电视传输条件。

1988 年 9 月 7 日，中国第一颗气象卫星风云一号由长征四号火箭发射升空。

中容量广播通信卫星东方红三号于 1997 年 5 月 12 日成功发射，主要用于改善中国的国际通信以及西部边远山区的通信状况。

1997 年 6 月 10 日，中国第一颗地球静止轨道气象卫星风云二号甲发射升空，并于 1997 年 12 月 1 日正式交付用户使用。

1981 年 9 月 20 日，一箭三星成功发射了实践二号、实践二号 A 和实践二号 B。1994 年 2 月 8 日成功发射了实践四号卫星。

2000 年 10 月，中国发射了第一颗定位卫星“北斗”，到 2020 年，北斗三号全球卫星导航系统全面建成并开通服务，北斗卫星定位系统已经拥有 55 颗在轨的定位卫星，覆盖范围遍及全球，标志着中国成为世界上第三个独立拥有全球卫星导航系统的国家。

04 目标是深空

◇

月球是地球唯一的天然卫星，也是距离地球最近的地外天体，从古至今一直是人类观察最多的天体，人类发射的深空探测器首先抵达的也是这里。

在美苏太空争霸的背景下，1959 年 1 月 2 日，苏联发射了名为“月球 1 号”的月球探测器，上面搭载了当时最先进的通信、探测设备，原计划对月球进行撞击探测，不过最终从距离月球表面 7500 千米的上空掠过，未能撞击到月球上。

1959 年 9 月 12 日，月球 2 号探测器发射升空，经过两天的飞行后成功抵达月球，随后降落并撞击在月面的“澄海”地区，实现了“硬着陆”，其上搭载的无线电通信装置在撞击月球后便停止了工作。月球 2 号探测器是“首位”抵达地外天体的地球物品，成为到达月球的第一位使者，首次实现了从地球到另一个天体的飞行。

月球背面照片

月球 3 号探测器是绕月飞行探测器，1959 年 10 月 4 日升空飞往月球，3 天后抵达环月球轨道。月球 3 号拍摄并发送了第一张月球背面的照片，这是地球人第一次看到月球背面的景象。

1966 年 1 月 31 日，月球 9 号发射升空，经过 79 小时的长途飞行之后抵达月球，在到达距月面 75 千米时，重 100 千克的着陆舱与探测器本体分离，靠装在外面的自动充气气球，在风暴洋附近成功着陆，成为第一个在月球“软着陆”的探测器。

随后苏联又多次发射了“月球”系列探测器，其中 1970 年 9 月 12 日发射的月球 16 号在月球着陆后，采集了 120 克月岩样本，装入返回舱并带回了地球，这是地球首次接收到从月球来的“礼物”。

1970 年 11 月 10 日，月球 17 号发射升空，它携带了一辆自动月球车，这辆月球车重 756 千克，长 2.2 米，宽 1.6 米，装有电视摄像机和核能动力装置。这辆月球车工作了近 11 个月，总计前进了 10540 米，考察了 8000 平方米月面地域，拍摄了 200 多张月球全景照片和超过 2 万张月面照片，直到 1971 年 10 月 4 日核能耗尽才停止工作。

月球车

苏联发射的最后一个月球探测器是 1976 年 8 月 9 日发射的月球 24 号，这次探测带回了 170 克月岩样本。不过由于美国阿波罗计划取得的巨大成功，苏联的探月行动在后期并没有引起太大的关注。

为了与苏联进行太空竞争，美国原本计划在1958年8月18日发射第一枚月球探测器，不过由于第一级火箭在升空时爆炸，导致该探测器“出师未捷身先死”。

1961年，为了挽回在太空竞争中的颓势，美国总统杜鲁门宣布启动阿波罗登月计划。为了给阿波罗登月计划提供多方位的数据支持，美国先后发射了“徘徊者”、“勘测者”、月球轨道飞行器三个系列的月球探测器，对月球进行详细的勘察和探测。

“徘徊者”系列月球探测器共发射了9次，1961年8月23日第一次发射，最后一次发射于1965年3月21日。

徘徊者1号和2号同属“BlockI型”，属于实验性质的人造卫星，运行在地球轨道，主要用于试验探测器的轨道性能。这个类型的探测器重约304千克，底部是一个宽1.5米的六边形底座，上面安装着一个高4米的锥形铝支柱，两个太阳翼展开可达5.2米。

徘徊者3号、4号和5号属于“BlockII型”，重约330千克，高约3.1米，装备有直径65厘米、外包软木的月球撞击舱。它们的主要任务是观测月球、测量月球辐射强度、试验月球硬着陆技术，并向月球表面放置月震仪。不过由于轨道计算、修正等方面出现的误差，这三台徘徊者探测器都没有成功撞击月球。

后续的徘徊者6号、7号、8号和9号属于“BlockIII型”，该型号重约366千克，主结构为外接圆直径为1.5米的六边形铝框架基座，框架上部的截锥塔上安装有摄像机，取消了月球撞击舱，摄像装置用于拍摄月面图像。徘徊者6号实现了在月球上进行硬着陆，不过并没有成功传回图像，随后的徘徊者7号、8号和9号都在硬着陆之前传回了大量高质量的月球表面照片，为后续的月球探测提供了重要数据。

“徘徊者”系列探测器计划结束之后，美国紧接着同时开展了“勘测者”探测器计划和月球轨道飞行器计划。

“勘测者”探测器的主要任务是在月球表面进行软着陆试验，上面携带有电视摄像机、测定月面承载能力的仪器、月壤分析设备和微流星探测器。

1966年5月30日，勘测者1号发射升空，随后成功在月球风暴洋西南部软着陆，随后发回了11150张图像。到1968年1月，美国共发射了7颗“勘测者”探测器，除了2号和4号着陆失败外，其余都在月面软着陆成功，这些探测器对月球进行了广泛探测，成功验证了着陆器的性能，为“阿波罗”飞船选择登月着陆地点提供了重要依据。

“阿波罗”计划中使用的月球车

“勘测者”计划推进的同时，美国还启动了“月球轨道飞行器”计划。这个计划同样是阿波罗计划的一部分，主要目的是在绕月轨道上拍摄月球表面的详细地形照片，为“阿波罗”载人飞船选取安全的着陆点。1966年8月到1968年1月期间，美国先后发射了5颗“月球轨道飞行器”，对月面99%的区域进行了探测，拍摄了大量高分辨率的照片，获得了许多月球表面的放射性、矿物含量和月球引力场等数据，为阿波罗载人登月计划提供了重要的数据支持。

阿波罗计划结束之后，美国并没有停止对月球的探测，发射了“克莱门汀”“圣杯”等月球探测器，对月球进行了多次勘测，取得了丰硕的数据成果。

2003年9月27日，欧洲航天局在法属圭亚那的库鲁发射场成功发射了“1号月球探测器”，随后在2004年11月15日进入月球轨道，这是欧洲航天局发射的第一颗月球探测器，主要用于检验电推进、激光通信、自动导航等先进技术，同时携带高精度的照相机和分光仪，对月球表面的地形、地貌和矿物学特征进行检测。

日本也在2007年9月13日发射了名为“辉夜姬”的月球探测器，在绕月轨道上对月球进行观测，任务结束后坠毁在月球表面。

2004年，中国探月工程正式启动，该工程被命名为“嫦娥工程”，取自中国人耳熟能详的“嫦娥奔月”的典故，充分体现了中国航天人的浪漫和情怀。

按照规划，嫦娥工程分为三步，第一步发射探测器进行无人月球探测，第二步进行载人登月，第三步建设永久性的月球基地。

2007年10月24日，嫦娥一号在西昌卫星发射中心发射升空，这是中国发射的第一颗月球探测器，同时也是一颗绕月人造卫星，设计寿命为一年，整体质量为2350千克，上面搭载了包括微波探测仪、激光高度计、太阳高能粒子探测器、太阳风离子探测器、CCD立体相机等多种科学仪器，收集月球表面及上空的各种数据。除了科学仪器之外，嫦娥一号上还携带了一个歌曲的播放装置，将包括《爱我中华》《歌唱祖国》《走进新时代》等在内的30首中国经典歌曲带上了月球。

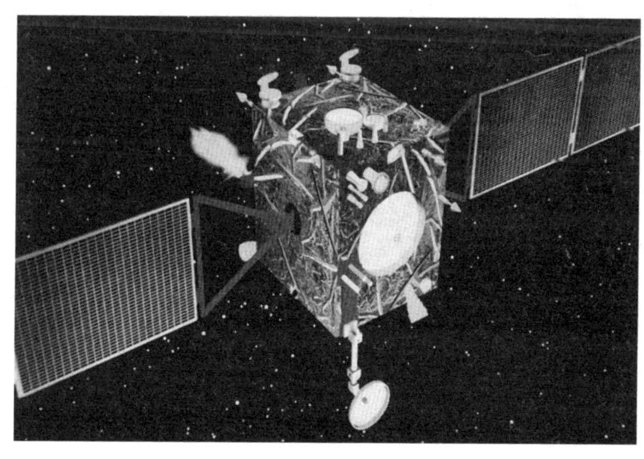

嫦娥一号

2009年3月1日，嫦娥一号完成了自己的使命，撞击在月球表面的预定地点。

嫦娥二号原本是嫦娥一号的备份，2010 年 10 月 1 日发射升空，随后进入环月轨道开始进行绕月飞行，一直工作到 2012 年 12 月 15 日。

2013 年 12 月 2 日，嫦娥三号发射升空，上面携带着用于在月球表面降落的着陆器，以及在月球表面开展活动的巡视器，也就是无人月球车。这台月球车被命名为“玉兔”，取自神话中嫦娥仙子怀中抱着的玉兔精灵。12 月 14 日，嫦娥三号在月面着陆，随后着陆器和巡视器分离，并进行了“互拍”。接下来，玉兔号月球车以每次前进 7 米左右、每小时前进约 200 米速度和节奏开始在月面前进，并与留在落月点的着陆器一起，开展月表形貌和地质构造、月面物质成分和可利用资源、地球等离子体层等科学探测。

玉兔一号

在度过了多次漫长的“月球夜晚”之后，嫦娥三号和玉兔月球车超额完成了月球探测任务，成功“退休”进入了长期管理阶段，不过上面仍有部分仪器在运行，为地球源源不断地提供月球表面的数据，可谓“尽忠职守”的典范。

嫦娥三号实现了中国首次对地外天体的直接探测，标志着中国航天突破了月球软着陆、月面巡视勘察、月面生存、深空测控通信与遥操作、运载火箭直接进入地月转移轨道等一系列关键技术。

2018 年 12 月 8 日发射的嫦娥四号是嫦娥三号的备份，携带着玉兔二号月球车，于 2019 年 1 月 3 日在月球背面的预定区域成功着陆，随后开始对月球背面探测和巡视，这是人类第一个在月球背面着陆的探测器，也是第一次实现了月球背面与地球之间的中继测控通信，揭开了月球背面的神秘面纱。

玉兔二号

嫦娥五号于 2020 年 11 月 24 日发射升空，这是中国首个具备采样返回功能的月球探测器。12 月 17 日，嫦娥五号的返回器成功降落，上面携带着 1731 克月球土壤样本，这是中国首次从月球取回月壤样本，为研究月球的诞生、演化提供了重要依据，也为后续的中国载人登月行动奠定了坚实的基础。

作为太阳系的绝对核心，太阳始终是人类在航天领域最重视的存在之一，虽然太阳的光芒滋养了地球上的万物，可以说是地球的生命之源，但在太空航行中，太阳风、日冕、耀斑等现象会为航天器带来极大的破坏，可以说是航天活动最大的威胁。为了研究太阳活动规律，世界各国都在研究太阳探测器，不过由于地球和太阳的距离太远，再加上太阳附近极高的温度，各国发射的太阳探测器大都是在地球的太阳同步轨道上对太阳进行远距离观测，或者选择从离太阳较远的地方飞掠而过。

美苏太空争霸期间，苏联曾经发射“预报”系列探测器，而美国曾经发射太阳神 1 号和太阳神 2 号两个太阳探测器。

2018 年 8 月 12 日，美国成功发射了“帕克”太阳探测器，2021 年 4 月，“帕克”太阳探测器成功穿过太阳大气的最外层，也就是“日冕”，成为首个“接触”到太阳的人造航天器。

2021 年 10 月 14 日，中国成功发射了首颗太阳探测科学技术试验卫星羲和号，运行于 517 千米高度、倾角 98 度的太阳同步轨道，该轨道将经过地球的南北极，能够 24 小时连续对太阳进行观测。羲和号实现了国际首次太阳 Hα 波段光谱成像的空间探测，填补了太阳爆发源区高质量观测数据的空白，提高了中国在太阳物理领域的研究能力，对中国空间科学探测及卫星技术的发展具有重要意义。

除了太阳和月球之外，地球在太阳系中的“姊妹”——行星，也是人类进行太空探测的重要目标，不过相比于月球而言，其他行星和地球之间的距离实在太过遥远，哪怕是距离最近的金星也比月球远得多，所以对行星进行探测的难度要大得多。

1960 年，苏联就发射了火星 1A 号探测器，这是人类探测火星的开端，不过这颗探测器并没有抵达火星，它在中途就失去了联系。1964 年，美国的水手 4 号火星探测器成功抵达火星，进入轨道飞行，成为第一个到达火星轨道并发回数据的探测器。

1971 年 12 月 2 日，苏联发射的火星 3 号降落在火星表面，成为第一个在火星着陆的探测器，由于火星表面沙尘暴的影响，它仅仅工作了 20 秒就失去了联系。

1996 年 12 月 4 日，美国的火星探路者号探测器发射升空，并于 1997 年 7 月 4 日在火星表面着陆，上面携带着仅有微波炉大小的索杰纳号火星车，这是在火星上运行的第一部火星车。

索杰纳号火星车

2011 年 11 月 26 日，美国的好奇号火星探测器成功发射，并于 2012 年 8 月 6 日成功登陆火星，好奇号的主要任务是在火星上探寻生命的迹象，上面搭载着好奇号火星车，这是一个与普通家用汽车差不多大小的遥控设备，也是第一辆采用核动力驱动的火星车。根据美国宇航局公布好奇号火星车发现的数据，火星表面土壤中约有 2%是水分，只需稍稍加热就可获得水，无论是对于寻找火星上的生命痕迹，还是未来建立火星基地，这都是最令人振奋的好消息。

和火星探测一样，金星探测也开始于美苏太空争霸时期。

1961 年 2 月 12 日，苏联首先发射了金星 1 号探测器，不过由于在距地球 756 万千米时通信中断，并没有成功抵达火星。

1967 年 6 月 12 日，金星 4 号探测器经过大约 35000 万千米的飞行，成功进入金星大气层并在金星表面登陆。由于金星大气的压力和温度比预期高得多，金星 4 号的着陆舱损毁严重，未能发回探测结果。随后苏联又发射了一系列金星探测器，获得了大量的数据。

同一时期美国发射了水手 2 号、水手 5 号等金星探测器，对金星进行了探测。不过随着太空争霸的降温，行星探测的频率逐渐降低。

1989 年 5 月 5 日，美国的麦哲伦号金星探测器发射升空，并于

1990 年 8 月 10 日进入了绕金星飞行的轨道，利用先进的成像雷达系统对金星全球进行了详细的拍摄，还对金星 95%的地区进行了高分辨率的重力测量，整个拍摄和测量过程历时 4 年，取得了丰硕的科学成果。1994 年 10 月 12 日，麦哲伦号探测器进入金星稠密大气层，以试验一种新颖的空气制动技术，并获取金星稠密大气的数据，探测器在进入金星大气后烧毁。这是人类第一次利用一颗行星际探测器进行破坏性试验。

除了向火星和金星发射探测器，美国还曾经向土星、木星等行星发射了探测器，这些行星探测器对人类提升太阳系的了解起到了重要作用，为未来的星际航行奠定了基础。

中国的行星探测工程被命名为“天问”，这个名字取自中国历史上春秋时期著名文学家屈原的楚辞《天问》一篇。

2020 年 7 月 23 日，天问一号探测器在文昌航天发射场发射升空，经过漫长的太空旅程之后，于 2021 年 2 月 10 日与火星交会，成功进入环绕火星轨道。2021 年 5 月 15 日，天问一号着陆器在火星成功着陆，其上搭载的祝融号火星车成功驶上火星表面并开始巡视探测，这是火星上首次迎来来自中国的客人。

天问一号

通过对火星的表面形貌、土壤特性、物质成分、水冰、大气、电离层、磁场等的科学探测，天问一号回传了大量珍贵的火星数据，为后续的火星探索铺平了道路。天问一号的成功，意味着中国行星探索通过一次任务就实现了火星环绕、着陆和巡视三大目标，标志着中国在深空探测领域的技术跨越进入世界先进行列。

对人类现有的航天科技来说，太阳系实在过于庞大，想要对土星、木星等距离较远的行星进行探测已经是一件非常困难的事情，更别说是更遥远的地方，不过这并不妨碍人们将视线投向那里。

1972 年 3 月，美国成功发射了先驱者 10 号探测器，主要任务是对木星和外太阳系进行探测，在成功飞掠木星、土星后，它继续朝深空飞去，并于 1983 年飞越了海王星轨道，突破了太阳系的边际。根据计算，先驱者 10 号此时正位于距地球 100 多亿千米的太空，在惯性的作用下向距离地球 68 光年的“毕宿五”恒星飞行，以目前的速度计算，它大约还需要飞行 200 万年时间。

先驱者 10 号

先驱者 10 号是人类建造的第一个飞出太阳系的飞行器，它携带着一块特殊的金属板，上面标明了地球在银河系中的位置，以及地球人的外貌、文字等信息，表达了地球人的文明和善意。当先驱者 10 号离开太阳系时，将把这块金属板弹出飞行器，使其在宇宙中自由漂流，希望有朝一日能被其他文明发现。

由于距离太阳过于遥远，先驱者 10 号无法使用太阳能板为自己补充动力，因此配备的是放射性同位素燃料发电装置，也就是俗称的“核电池”。之后，随着时间的流逝，先驱者 10 号配备的放射性同位素燃料逐渐失去电力，地球最后一次接收到先驱者 10 号的微弱信号是 2003 年 1 月 22 日，此后再也没有收到先驱者 10 号发出的信号。

1973 年 4 月 6 日，先驱者 11 号发射升空，除了对木星进行探测之外，它还肩负着探测土星的任务。和先驱者 10 号一样，先驱者 11 号上也携带着一块记载着人类文明的金属板，作为向外星文明传递的信号。在掠过木星和土星之后，先驱者 11 号继续向太阳系外进发，1995 年 9 月 30 日，由于能源电池耗尽，先驱者 11 号的运作及遥测数据终止传输，当时它正以每秒 12 千米的速度向天鹰座前进，如果一切顺利，它将在 400 万年后抵达。

1977 年 9 月 5 日，美国成功发射了旅行者 1 号探测器，和先驱者 10 号、11 号一样，它的主要任务也是对木星、土星及其卫星进行探测，采用放射性同位素温差发电机作为动力来源，根据专家预测，旅行者 1 号上的能源能够让它工作到 2025 年。

旅行者 1 号上携带了一批代表人类文明的“地球名片”，包括一个铜制镀金磁盘唱片，一个金刚石留声机针，这个唱片哪怕经过 10 亿年，音质依旧不会有任何变化，如果有外星文明发现了这个唱片，它们就可能听到人类发出的声音。

1980 年 11 月，旅行者 1 号从土星附近掠过，其间探测到了土星环的复杂结构，并且对土卫六上的大气层进行了观测。2011 年 2 月，旅行者 1 号抵达了太阳系边缘的“过渡区”，这里是太阳系与星际空间最后的交界处。接下来，旅行者 1 号很快进入星际空间，随后需要 4 万年的时间才能抵达下一个恒星系。

1977 年 8 月 20 日发射的旅行者 2 号同样以木星和土星为主要目标，抵达土星进行探测之后，又继续飞向天王星和海王星。

与旅行者 1 号探测器一样，旅行者 2 号也携带有“地球名片”，其中包括各种几何图案的镀金铜片，以及记录有地球上各种声音的唱片，让可能存在的外星智慧生物知道地球上不仅存在生命，还有发达的文明。

旅行者 2 号

1986 年，旅行者 2 号经过天王星轨道，1989 年经过海王星轨道，2018 年 12 月 10 日旅行者 2 号探测器飞离了太阳风层，成为第二个进入星际空间的探测器。据天文学家的计算，如果旅行者 2 号一直能顺利地飞行下去，它将在公元 8571 年飞抵距离地球 6 光年的 Barnard 恒星附近，随后在公元 20319 年飞抵距离半人马座 3.5 光年的地方，而到公元 296036 年，它将到达距离天狼星约 4.3 光年的位置。

05 上面要有人

◇……………

最早载人进入太空的是苏联的东方1号飞船，这艘载人飞船的设计源自天顶号卫星系列，由谢尔盖·帕夫洛维奇·科罗廖夫主持设计，“东方”系列飞船采用两舱式结构，船体分为设备舱和返回舱，返回舱的内部安装了生命维持系统，可容纳一名航天员在其中工作。

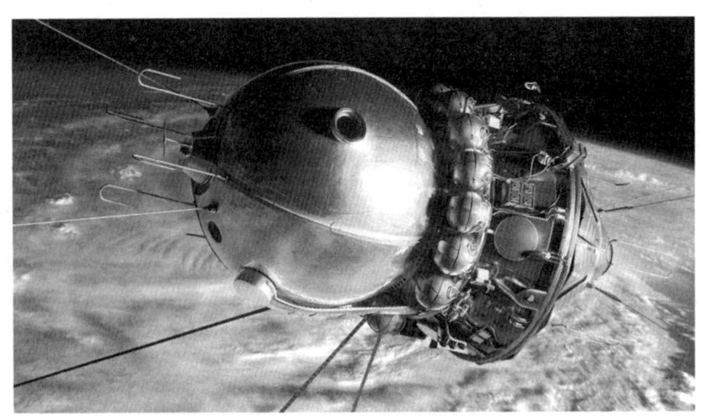

东方1号飞船

在把人送上太空之前，苏联进行了数次动物实验，将数条狗送上了太空。当时的研究人员认为流浪狗比普通的家犬更聪明，而且更能承受环境压力，所以训练并送上太空的“太空狗”都是流浪狗。在进入太空之前，这些狗经过了复杂的训练，包括长时间站立不动、取食营养胶、穿航天服、失重、超重等训练项目，目的是让它们能够提前适应飞船发射和太空环境。

经过复杂的训练和筛选之后，一只名为“莱卡”的狗被选中，并于1957年乘坐斯普特尼克2号卫星发射升空，成为第一只进入太空的地球生物。不过由于斯普特尼克2号卫星并不具备返回功能，所以莱卡没能返回地球，实验人员在为它准备的食物里添加了剧毒，当莱卡吃下有毒的食物之后便会安然死去，从此长眠在浩瀚的太空中。事实上，根据莱卡身上的传感器传回的数据，在火箭将卫星送入轨道之后不久，莱卡就已经因为舱内的高温和高压，以及过度惊吓而失去了生命。

“太空狗”莱卡

随后苏联的科学家又进行了数次实验，将更多的“太空狗”送上太空，并使用返回舱将它们送回地面。相比于它们的“前辈”莱卡，这些太空狗是幸运的，其中绝大多数都平安返回了地面，其中两只叫“贝卡”和“斯崔卡”的太空狗还生下了孩子，其中一只小狗被作为礼物送给了美国总统肯尼迪的孩子。

经过一次次动物实验，载人航天技术逐渐成熟，人类进入太空的时机成熟了。

1961 年 4 月 12 日，苏联航天员尤里·加加林乘坐东方 1 号飞船，在拜科努尔航天发射场升空进入太空轨道。整个发射过程可谓险象环生，在起飞之前不久，检查员发现飞船的气密性出了问题，原因是舱盖上的 32 个螺栓发生了松动，拧紧螺栓后，飞船的气密性恢复正常。当时的航天测控技术还很不发达，在发射过程中，东方 1 号飞船曾经一度失去联络，让控制室的工程师以为飞船已经失事，幸好不久之后恢复了联络。东方 1 号飞船与运载火箭脱离时出现了剧烈旋转，飞船中的加加林被甩向了舱壁。

尤里·加加林

绕地球飞行 108 分钟后，东方 1 号飞船带着加加林降落，随后加加林从飞船中弹射出来，使用降落伞安全降落到地面，原本预定的着陆位置在莫斯科南部 400 千米处，可最终却落在了莫斯科南部 800 千米的位置，所以搜索队过了一段时间才找到他。整个过程堪称惊心动魄，但这次航行的最终结果无疑是非常成功的，这次伟大的壮举被看作人类载人航天历史的开端。

随后“东方”系列载人飞船一共发射了 6 次，将 6 名苏联航天员送上太空，其中在 1963 年 6 月 16 日，苏联航天员捷列什科娃乘东方 6 号载人飞船进入太空，成为世界上进入太空的第一名女航天员。在美苏太空争霸的背景下，“东方”系列载人飞船为苏联争得了一个又一个“第一”，立下赫赫功勋。

在“东方”系列载人飞船的基础上，苏联设计制造了第二代载人飞船“上升”系列，该系列的载人飞船可以搭载三名航天员进入太空，其最大特点是返回时航天员随着飞船一起落地，不再需要跳伞。1964 年 10 月 12 日，上升 1 号进行了首次发射，将三名航天员送入太空并安全返回。

1965 年 3 月 18 日，航天员列昂诺夫和贝里亚耶夫乘坐上升 2 号进入太空，他们完成了一次史无前例的创举——太空行走。所谓太空行走，是指航天员穿着舱外航天服离开飞船，在太空中活动，由于太空的失重环境，所以太空行走的状态更接近“漂浮”。

列昂诺夫是这次太空行走的“主角”，他通过气密舱进入太空，靠一根 5 米长的绳子与飞船连在一起，进行了长达 10 分钟的太空行走。在列昂诺夫返回飞船时，身上的航天服在真空中发生了膨胀，导致他在舱口挣扎了 8 分钟才回到飞船中。

“上升”系列飞船只发射了两次，随后就被“联盟”系列载人飞船取代。

“联盟”系列飞船是苏联继“东方”系列飞船与“上升”系列飞船之后研发出来的第三款载人飞船，这是一种多座位飞船，配备有 1 个指挥舱和 1 个供科学实验和航天员休息的综合舱。“联盟”系列飞船最初的设计目的是作为苏联载人登月计划中的地月往返工具，然而，由于苏联后来取消了登月计划，其活动范围就此被限制于地球轨道。

“联盟”系列载人飞船

1967 年 4 月 23 日，联盟 1 号载人飞船搭载着航天员弗拉基米尔·米哈伊洛维奇·科马洛夫发射升空，科马洛夫曾经乘坐上升

1号执行太空任务，这是他第二次进入太空。按照当时的计划，联盟1号发射后，联盟2号将随后升空，与联盟1号进行交会对接，在太空中组成一个组合体。

进入太空后不久，联盟1号接连出现故障，首先是左侧太阳能帆板未能自动展开，造成电力供应严重不足，随后导航系统出现了故障，不久之后飞船的自动平衡系统陷入瘫痪，手动操纵系统也失去了作用。

当时，原本计划让联盟2号紧急升空抢修联盟1号，谁知这时发射场上空风雨大作，联盟2号的发射被迫终止，救援计划失败。

为拯救航天员的生命，地面控制中心决定让联盟1号提前返回地球，命令科马洛夫启动了制动火箭。随着速度降低，联盟1号飞船的高度开始下降，当飞船的高度下降到7千米时，由于降落伞的伞绳缠绕在一起，导致降落伞无法张开，飞船最终以40米/秒的速度坠毁在哈萨克斯坦卡拉布拉克以西3千米处，现场发生了剧烈爆炸，随即升起滚滚浓烟，燃起的大火将金属都熔化了，救援人员没能在现场找到科马洛夫的遗体，推测已经随着飞船的燃烧化为了灰烬。

事后调查发现，联盟1号飞船的降落伞舱设计有问题，如果当时联盟2号发射升空，很可能也会遭遇同样的事故。

经过这次事故，苏联开始反思，并对“联盟”系列飞船进行改进，除了修改降落伞舱的设计，还对整个飞船的设计进行了大规模的检查，直到18个月之后，经过改进的联盟2号飞船才发射升空，并与随后发射的联盟3号飞船在太空中进行了对接。

从这之后，联盟号载人飞船进行了多次发射，除了将航天员送入太空之外，还为和平号空间站和国际空间站提供人员运输、物资补给的服务。1991年苏联解体后，“联盟”飞船的制造与发射由俄罗斯联邦航天局继承，2011年隶属美国宇航局的航天飞机全线退役后，“联盟”飞船在很长一段时间里成了航天员往返国际空间站的唯一运输工具。直到今天，“联盟”系列载人飞船仍然活跃在世界航天的舞台上，目前是世界上服役时间最长、发射频率最高的载人飞船，其可靠性得到了全世界航天专家的认可。

作为美苏太空争霸的另一方，美国的载人飞船同样发展得非常迅速。

美国研发的第一代载人飞船是“水星”系列飞船，这是一种单舱型载人飞船，由圆台形座舱和圆柱形伞舱组成，飞船总长约为 2.9 米，最大直径为 1.8 米，质量为 1.3~1.8 吨。发射时，水星号飞船的顶端会连接一个高约 5 米的逃逸塔，这是水星号的逃逸系统，用来避免航天员受到发射事故的危害。在火箭发射过程中一旦出现危险故障，逃逸系统将在 1 秒内启动，将水星号飞船和航天员带离运载火箭，随后依靠飞船的降落伞着陆。正常发射过程中，当助推火箭熄火后，逃逸塔就完成了自己的使命，从飞船上脱落，随后在大气层中烧毁。

水星号飞船

水星号的座舱只能搭载一名航天员，飞船运行过程中，航天员躺在特制的座椅上，可以通过飞船舷窗、潜望镜和显示器观测地球表面。水星号飞船的设计飞行时间为两天，当任务结束时，飞船会点燃制动火箭进行减速，接着抛弃制动火箭部件，然后再次进入大气层，下降到低空时使用降落伞减速，航天员与飞船一起落在海上，由直升机和打捞船只回收。

在载人飞行之前，水星号飞船进行了 20 次无人发射，其中 4 次搭载了动物“乘客”，与苏联喜欢用狗做太空实验不同，美国的航天科学家更青睐灵长类动物，在这四次动物实验中，前两次乘坐飞船的是猕猴，后两次则是黑猩猩。

1961 年 5 月 5 日，水星号飞船进行了首次亚轨道载人飞行，将美国第一位航天员阿兰·谢帕德送到距离地面 186 千米的太空，飞行距离约 480 千米，飞行总时间 15 分 22 秒，其中失重时间为 5 分 4 秒。飞行过程结束后，飞船降落在大西洋上。这次飞行并没有进入地球轨道，所以只能称为“亚轨道载人飞行”。

1962 年 2 月 20 日，水星 6 号飞船发射升空，搭载着航天员欧约翰·格伦进入地球轨道，并绕地球飞行 3 圈，共历时 4 小时 55 分 23 秒，最后降落在大西洋海面，格伦因此成为美国第一个进入地球轨道的人。

水星号飞船一共进行了 6 次载人发射，前两次是亚轨道飞行，后四次是轨道飞行，1963 年 5 月是水星号飞船最后一次发射，随后被“双子座”系列载人飞船所取代。

“双子座”系列载人飞船是美国的第二代载人飞船，该系列是从 1961 年 11 月开始研发的，1965 年 3 月首次搭载航天员进入地球轨道，1966 年 11 月进行了最后一次飞行，其间进行了 12 次飞行，其中 2 次是无人飞行，10 次为载人飞行。双子座计划的主要目的是对飞船的轨道机动、交会和对接能力进行试验，并让航天员在轨出舱进行太空行走，为后续的“阿波罗”载人飞船登月飞行作技术准备。整个服役期间，双子座飞船共进行了 52 项试验，其中 27 项是试验和检验新技术，8 项是医学试验，另外 17 项是科学试验，拍摄地球彩色照片 1400 张。

双子座 3 号载人飞船首次在空间使用了计算机，这台计算机重达 22.7 千克，计算能力为每秒 7000 次，用来帮助航天员计算飞船变轨所需的推力数据，并对交会轨道、再入大气层轨迹等运行线路进行计算，这让载人飞船上的航天员获得了操纵飞船进行机动飞行的能力，而在此之前，飞船必须按照固定轨道绕地球飞行。计算机的应用是航天科技的重要进步，为未来航天科技的高速发展奠定了基础。

“阿波罗”系列载人飞船是美国的第三代载人飞船，是著名的“阿波罗登月计划”的重要组成部分，用于将航天员从地球送到月球，并带他们安全返回地球。

阿波罗载人飞船是一个总重 45 吨的庞然大物，由指挥舱、服务舱和登月舱三大部分组成。圆锥形的指挥舱是飞船的主体，舱内装有控制飞船的各种仪器和试验所需的各种装置，还有航天员在飞行过程中所需的食物、水，以及废物处理设备等生活设施，是航天员生活和工作的主要场所。

服务舱呈圆筒状，与指挥舱连接，这里是飞船的机房和仓库，飞船飞行所需的燃料、电池都在这里，还配备有火箭发动机，阿波罗飞船进入月球轨道、绕月飞行时变轨以及返回地球时脱离月球轨道都靠主火箭的推力来实现。

登月舱下方有四条金属腿，用于在月球上着陆，主体分下降段和上升段两部分，两部分各自配备有发动机，上升段内还配备有生命保障系统、通信设备和电源设备。从地球起飞时，登月舱折叠装在服务舱下面的铝壳内，进入奔月轨道后，登月舱从铝壳中取出，在太空中进行位置调整，最终对接在整个飞船的最前面。登月舱可以把 2 名航天员送到月球表面，并在他们完成任务后，使用上升段将他们送入月球轨道。在阿波罗计划后期，阿波罗 15、16、17 号的登月舱还携带了一台月球车，供航天员在月面上使用。

1966—1968 年，阿波罗飞船进行了 6 次不载人的飞行实验，1968 年 10 月，阿波罗 7 号飞船发射升空，这是第一艘载人的阿波罗飞船，阿波罗 7 号搭载了 3 名航天员，绕地球飞行了 163 圈，主要用于测试指令舱的对接系统。

1968 年 12 月 21 日，阿波罗 8 号发射升空，带着 3 名航天员飞到月球，进入了绕月轨道，随后又安全回到地球。这次任务测试了指挥舱系统在地球和月球轨道之间的太空及绕月轨道上的性能，包括通信、跟踪和生命保障各个方面，评估了航天员在奔月任务期间的表现。随后的阿波罗 9 号首次搭载了登月舱，在月球轨道上进行了长时间的飞行，不过并没有开展登月活动，主要用于测试航天员在太空长时间工作的表现。阿波罗 10 号主要进行了登月舱的释放和对接实验，检验了登月舱的性能和可靠性。

1969 年 7 月 16 日，阿波罗 11 号发射升空，并在四天之后顺利抵达月球，进入绕月轨道。航天员尼尔・阿姆斯特朗和巴兹・奥尔德林进入了登月舱，另一名航天员仍留在指挥舱内，继续沿环月轨道飞行。2 名航天员驾驶登月舱与阿波罗 11 号飞船分离，在月面进行着陆，阿姆斯特朗走出登月舱，在月球表面留下了人类在地外星体上的第一个脚印，随后阿姆斯特朗说出了那句被铭记在人类航天史上名言:“这是我个人的一小步，却是整个人类的一大步!”

阿波罗 11 号释放登月舱

抵达月球表面之后，2 名航天员在月面上进行了一系列工作，包括展开太阳电池板、安装设置月震仪和激光反射器，还采集了 22 千克月球岩石和土壤样品。工作结束之后，他们驾驶登月舱的上升段返回环月轨道，与阿波罗 11 号飞船进行对接。航天员进入阿波罗 11 号飞船之后，登月舱分离留在绕月轨道上，服务舱的主发动机点火使飞船加速离开绕月轨道返回地球。7 月 24 日，阿波罗 11 号飞船在太平洋夏威夷西南海面安全降落。

首次登月之后，阿波罗飞船又执行了多次登月任务，最后一次抵达月球的是阿波罗 17 号载人飞船。由于美苏太空争霸的降温，在 1975 年，耗资巨大的阿波罗登月计划被终止，此时阿波罗 18 号已经建造完成，随后不久，它被赋予了一项新的任务——与苏联的“联盟”系列飞船在地球轨道上进行对接。

1975 年 7 月，苏联的联盟 19 号载人飞船与美国的阿波罗 18 号载人飞船在太空中成功对接，双方航天员互致慰问，并参观了对方的飞船，这是世界上首次国际化的太空任务，为国际航天合作开启了先例。

阿波罗计划终止的同时，美国一直致力发展航天飞机，这是一种可重复使用的载人航天器，由火箭发射升空，可以在地球轨道上运行，返回过程却像是飞机一样飞行，可以自主降落在机场。

航天飞机系统在发射时由轨道飞行器、外贮箱和固体燃料助推器组成，我们平常所说的航天飞机实际上指的是可以重复利用的轨道飞行器，因为看起来和飞机非常相似，所以被称为航天飞机。

按照美国宇航局的设计要求，航天飞机的轨道飞行器需要重复使用 100 次，可以搭载 3 到 7 名航天员，每次发射可以将 29.5 吨的有效载荷送入近地轨道，还能将超过 14 吨有效载荷从轨道带回地面。独立在地球轨道上运行时，航天飞机能够在轨道上停留最多 30 天。航天飞机既可以用于人员和货物运输，也可以作为空间实验室开展各种实验，还能够承担人造卫星的发射、检修和回收等任务。

美国一共建造过 5 架航天飞机，分别是哥伦比亚号、挑战者号、发现号、亚特兰蒂斯号和奋进号。

1981 年，第一架航天飞机哥伦比亚号建造完成，4 月 12 日进行了第一次飞行任务，随后的数十年间共执行 28 次飞行任务，为美国的航天发展立下了汗马功劳。2003 年 1 月 16 日，哥伦比亚号航天飞机再次起飞，执行代号 STS-107 的第 28 次飞行任务，除了常规的太空实验项目之外，这次还搭载了来自世界 6 个国家学生设计的试验项目，其中包括中国学生设计的“蚕在太空吐丝结茧”试验。2月1日，在重返大气层的过程中，航天飞机与控制中心失去联系，不久后，地面监测系统发现其在美国得克萨斯州上空发生爆炸并完全解体，这次事故导致航天飞机上的7名航天员全数罹难。

挑战者号是美国建造的第二架航天飞机，1982年建造完成，1983年4月4日进行了首次任务飞行。1986年1月28日，挑战者号航天飞机从肯尼迪航天发射中心发射升空，开始执行它的第10次太空任务，由于右侧固态火箭推进器上面的一个O形环失效，造成了一系列灾难性的连锁反应，在升空73秒后，挑战者号在空中爆炸解体，其上搭载的7名航天员全部丧生，其中包括一位名为克里斯塔·麦考利夫的女教师，按照原本的计划，她将在太空中通过电视向美国和加拿大250多万中小学生讲授两节太空课，成为第一名“太空教师”。

挑战者号航天飞机

2010年初，美国宇航局正式决定将日渐老化的航天飞机全部退役。关于退役航天飞机的原因，一般认为是过于高昂的维护费用。虽然航天飞机可以重复使用，但其本身的造价极高，而且每次飞行任务都会造成严重的损耗，任务结束后需要进行大规模的检修，更换损坏或可能损坏的零件，由于这些零件的需求量非常小，所以价格高昂，同时由于制造商倒闭等原因，一些零件的价格更是水涨船高，甚至完全没有合适的新零件可用，重新制造的成本高到难以接受。除了成本之外，安全性下降也是一个重要原因，航天飞机在高强度的航行过程中难免造成许多损伤，即使进行了充分的检修和维护，也很难保证机体的安全性。

2011 年 7 月 8 日，亚特兰蒂斯号航天飞机从肯尼迪航天中心发射升空，并于 7 月 21 日返回，这是美国航天飞机项目的第 135 次飞行任务，也是美国航天飞机的最后一次飞行。从此以后，航天飞机的时代落下了帷幕。

航天飞机停飞之后，美国暂时失去了送航天员进入太空的能力，为了满足国际空间站的人员轮换需要，美国宇航局不得不借助俄罗斯的“联盟”载人飞船，通过购买席位将航天员送到国际空间站，直到太空探索技术公司（SpaceX）的载人龙飞船出现，才缓解了这一尴尬的境况。

载人龙飞船

太空探索技术公司的载人龙飞船是“龙”系列飞船的第二代，第一代龙飞船是货运飞船，从 2012 年起就开始与美国宇航局合作，为国际空间站补给物资。

2020 年 5 月 30 日，载人龙飞船从肯尼迪航天中心起飞，随后成功与国际空间站对接，将 2 名美国航天员送到了国际空间站，美国重新拥有了载人航天的能力。

除了太空探索技术公司的载人龙飞船之外，美国宇航局主导的“阿尔忒弥斯”计划也提出了完整的载人航天方案，用于重返月球及后续的载人火星飞行，其中的载人飞船部分是“猎户座”载人飞船。2014 年 12 月 5 日，猎户座飞船完成了首次无人飞行，原计划于 2018 年进行绕月飞行，不过因为种种原因，直到 2022 年 11 月 16 日，猎户座飞船终于由 SLS 重型火箭发射升空飞向月球，开始进行无人绕月测试。

相比于美国和苏联，中国的载人航天起步比较晚。在中国第一颗人造地球卫星东方红一号发射成功之后，中国的航天专家曾经计划开展载人航天的研究和实验，并于 1971 年 4 月开启了名为“714 工程”的载人航天项目，该计划中的载人飞船被命名为“曙光一号”。但由于当时的中国经济基础薄弱，航天技术储备不足，最重要的是缺乏大推力运载火箭，中国的载人航天发展没有取得预期进展，最终“714 工程”于 1975 年 3 月正式宣布下马。

改革开放以后，随着中国经济实力的提升和航天技术的发展，载人航天再次被提上了日程。1992 年 9 月 21 日，中共中央常委会批准实施载人航天工程，代号“921 工程”，同时还确定了中国载人航天将以“三步走”的战略实施发展：第一步，发射载人飞船，建成初步配套的试验性载人飞船工程，开展空间应用实验；第二步，在第一艘载人飞船发射成功后，突破载人飞船和空间飞行器的交会对接技术，并利用载人飞船技术改装、发射一个空间实验室，解决有一定规模的、短期有人照料的空间应用问题；第三步，建造载人空间站，解决有较大规模的、长期有人照料的空间应用问题。

中国航天的载人飞船被命名为“神舟”系列，意为“神奇的天河之舟”，也与“神州”同音，具有鲜明的中国文化特色。

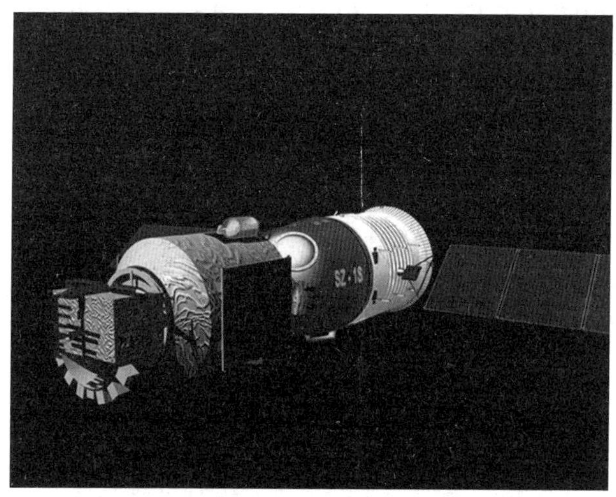

神舟一号飞船示意图

经过七年的努力，1999 年 11 月 20 日，在酒泉卫星发射中心新建成的载人飞船发射场，中国第一艘试验飞船神舟一号由新研制的长征二号 F 运载火箭发射升空，并准确进入轨道。经过 21 小时的在轨飞行，飞船返回舱进入返回轨道，并于 21 日凌晨在回收场准确着陆，试验任务获得圆满成功，标志着中国的载人航天技术取得了重大突破，为中国载人航天技术的发展奠定了坚实的基础。

随后神舟二号飞船在 2001 年 1 月发射，神舟三号飞船在 2002 年 3 月升空，这两艘都是无人试验飞船。2002 年 12 月 30 日，神舟四号飞船发射升空，随后安全降落在着陆场，飞船上搭载了 2 名试验用模拟人收集飞行过程中的数据，用于评估人体在航天发射和回收过程中的状态。

2003 年 10 月 15 日，长征二号 F 捆绑式火箭搭载着神舟五号载人飞船从酒泉卫星发射中心发射升空，将中国第一名航天员杨利伟送入太空轨道，成为第一个进入太空的中国人。神舟五号飞船共环绕地球飞行了 14 圈，历时 21 小时 28 分钟，飞船上搭载了一面中国国旗、一面北京 2008 年奥运会会旗、一面联合国旗、人民币主币票样、中国首次载人航天飞行纪念邮票、中国载人航天工程纪念封和来自祖国宝岛台湾的农作物种子等具有特殊意义的物品。

神舟五号

2003 年 10 月 16 日，神舟五号载人飞船的返回舱安全降落在内蒙古四子王旗着陆场，实际着陆点与理论着陆点仅相差 4.8 千米，杨利伟自主出舱，受到了航天英雄应有的热烈欢迎。神舟五号载人航行的圆满成功，标志着中国载人航天技术的重大进步，从此以后，中国正式成为第三个能够实现载人航天的国家。

从第一次载人航天发射之后，神舟飞船多次将中国航天员送上太空。

2005 年 10 月 12 日，神舟六号首次进行了多人多天的航天飞行，搭载费俊龙和聂海胜 2 名航天员在太空中航行了超过 115 小时，进行了包括太空育种在内等多项试验，并首次在太空中饮水和进食，为后续的长时间载人太空任务打下了重要的基础。

2008 年 9 月 28 日发射的神舟七号搭载了 3 名航天员，分别是翟志刚、刘伯明和景海鹏，本次航行主要验证了气闸舱和舱外航天服的性能。在本次航行的过程中，航天员翟志刚身着中国自主研制的“飞天”舱外航天服，通过气闸舱离开飞船进行出舱作业，实现了中国历史上的第一次太空行走，中国成为第三个有能力进行太空行走的国家。

从神舟八号开始，神舟飞船正式定型，同时神舟飞船的发射进入了第二阶段，主要任务是与中国自主研制的空间站进行对接，帮助航天员从地面抵达空间站并安全返回。

神舟十五号升空

2022 年 11 月 29 日，神舟十五号发射升空，将 3 名航天员送达中国空间站，与神舟十四号的 3 名航天员实现了“太空会师”。

空间站真正首次出现是在美苏太空争霸期间。当美国的阿波罗飞船在 1969 年抢先登陆月球后，苏联决定放弃登月的尝试，转而寻找其他方向来展示他们的航天科技实力，这就是空间站。

1971 年 4 月 19 日，礼炮一号空间站发射升空，这是苏联首个空间站，也是人类历史上首个空间站。礼炮一号上搭载了许多用于太空实验的装置、仪器，还有一个名为“猎户座 1 号”的太空天文台，主要用于拍摄星体的紫外光谱图。

礼炮 1 号空间站示意图

升空之后，礼炮一号的工作进展得并不顺利，首次运送航天员前往空间站的联盟 10 号飞船由于对接组件出现问题，导致无功而返，随后联盟 11 号飞船成功与空间站对接，航天员在礼炮一号上停留了 23 天，然而在离开空间站返回地球的过程中，由于返回舱的减压阀过早开启，3 名航天员全部因为急速加压而身亡。受到这次事故的影响，“联盟”飞船停飞了 2 年多，用来排查潜在的故障和缺陷。

1971 年 10 月 11 日，礼炮一号空间站结束了它的使命，在坠入大气层的过程中被烧毁。

随后苏联又发射了一系列的“礼炮”空间站，其中礼炮二号和礼炮三号属于苏联军方机密的“金刚石军用空间站”计划的一部分，不过当时为了保密都将其归为“礼炮”系列。

“礼炮”系列中，礼炮二号到礼炮五号属于第一代空间站，只有一个用于与“联盟”飞船进行对接的对接口，而礼炮六号和礼炮七号属于第二代空间站，前后各有一个对接口，可以同时对接两艘载人飞船或者货运飞船。

礼炮七号是“礼炮”系列空间站的最后一位成员，1982 年

4 月 19 日发射升空，到 1986 年共接待了 11 批 28 名航天员，其中包括第一位进行太空行走的女航天员萨维茨卡娅，还创造了 3 名航天员在太空连续飞行 237 天的纪录。

1986 年 8 月，礼炮七号停止载人飞行，并与宇宙 1686 号无人货运飞船对接组成轨道复合体，随后转移到更高的轨道上飞行，同时继续自动收集各系统工作数据并回传地面。1992 年，礼炮七号空间站完成了它的使命，坠入大气层化作灰烬。

和平号空间站是第三代空间站，采用积木式构造，由多舱段空间交会对接组成。1986 年 2 月 20 日，和平号空间站核心舱发射升空，随后数年内，核心舱与多个舱段进行对接，在太空中组成了一个庞大的空间站组合体。

和平号空间站

苏联解体之后，和平号的所有权归于俄罗斯，不过许多国家都曾经参与和平号空间站的建设，美国宇航局曾经为和平号空间站提供了一个对接舱，专门用来与美国航天飞机进行对接。在运行期间，和平号空间站先后接待了美国、英国、日本、德国、法国、叙利亚、阿富汗、保加利亚等国家的 60 多名航天员，取得了丰富的科研成果，为后续国际空间站的建设和运行积累了宝贵的经验。俄罗斯航天员瓦列里·波利雅科夫曾经在和平号空间站上创造了在太空中连续停留的世界纪录，他从 1994 年 1 月 8 日至 1995 年 3 月在和平号连续停留了 14 个月。

由于设备老化以及资金匮乏，和平号空间站的维护和运营并不顺利，一直受电力不足、故障频发、运行效率低等问题困扰，随着国际空间站开始建设，和平号空间站的地位更加尴尬，终于在 2001 年正式退役，坠入大气层烧毁，结束了长达 15 年的工作。

在和平号空间站服役的 15 年中，在太空舱建造、发射、对接技术，载人航天及太空行走技术，太空生命保障技术等方面都取得了辉煌的成就，为航天医学、生物工程学、天体物理学、天文学等学科的发展做出了重要贡献，在空间站建设、商业航天开发等领域积累了重要的经验，这些都是全人类航天领域共同的财富。

在美苏太空争霸的背景下，美国在 1973 年发射了“天空实验室号”空间站。该空间站由轨道工作舱、过渡舱、多用途对接舱、太阳望远镜和“阿波罗”载人飞船 5 部分组成，全长 36 米，最大直径 6.7 米，重约 80 吨，内部空间达到了惊人的 351.6 立方米，设有当时非常先进的环境控制系统，理论上能给航天员提供舒适的工作、生活环境。工作舱是天空实验室的核心，也是航天员工作和生活的主要舱室，兼实验室、食堂、寝室、厕所等功能。太阳能望远镜是天空实验室上的一个天文台，可以拍摄太阳的紫外光线和 X 射线等不可见光，从而获得精细的日冕照片。

美国使用阿波罗号载人飞船将航天员送到天空实验室号空间站，在 1973 年 5 月到 1974 年 2 月期间，先后有三批航天员在这里工作，每批有 3 名航天员，分别工作了 28 天、59 天和 84 天，共进行了 270 多项研究实验，拍摄了 18 万张太阳活动的照片、4 万多张地面照片，还进行了长期失重人体生理学试验和失重下材料加工的试验。

天空实验室号空间站

由于天空实验室号空间站上安装的微流星防护盾松动，影响了为空间站提供电力供应的太阳能板，导致该空间站从入轨之后就开始出现电力供应不足的情况，同时出现了舱内温度过高等一系列问题，虽然经过三批航天员的修理，仍然无法完全修复。在第二批航天员撤离之后，空间站的环境已经非常恶劣，无法继续为航天员提供安全的工作环境，所以美国宇航局决定将天空实验室号空间站进行封闭处理。

1979 年 7 月 11 日，天空实验室号空间站收到指令，随后开始降低轨道，进入大气层烧毁，残骸坠毁在澳大利亚附近海域。

1993 年，名为“国际空间站”的项目启动，这是一个由多个国家参与的庞大航天工程，成员包括美国、俄罗斯、日本、加拿大及包括英国、德国、法国、意大利等在内的 11 个欧洲航天局成员国在内的 16 个国家。国际空间站项目由美国主导，采用“邀请”的方式选取成员国，而当时中国并没有接到邀请。

国际空间站的建设工作由各个参与国家进行分工，其中美国负责研制整体桁架结构、太阳能电池阵列、试验舱、离心机调节舱、居住舱、1 号节点舱、气闸舱，俄罗斯负责研制多功能货舱、服务舱、万向对接舱、对接段、对接与储存舱、生命保障舱、科学能源平台和研究舱，欧洲航天局成员国负责研制试验舱、自动转移飞行器、多用途后勤舱及2号、2号节点舱，日本负责研制一个由增压舱、遥控机械臂系统、暴露设施和试验后勤舱组成的试验舱，加拿大负责研制包括遥控操作机器人系统、移动基座系统和专用灵巧机械手移动服务系统在内的移动服务系统，巴西则负责提供一些特殊试验设备。

国际空间站

国际空间站建设的第一阶段主要是进行各种研究和试验，1994—1998年这段时间，美国的航天飞机和俄罗斯的和平号空间站进行了多次对接，积累了宝贵的经验。

1998年11月20日，由俄罗斯制造的国际空间站的第一个组件——“曙光”功能舱发射升空，接着在1998年12月4日，美国制造的“团结”节点舱由奋进号航天飞机送入轨道，这标志着国际空间站的建设正式进入第二阶段。第二阶段的主要目标是建成具有承载3名航天员能力的小型空间站，到2001年，国际空间站建设的第二阶段正式结束。

第三阶段是国际空间站的建设和应用阶段，从 2001 年开始，到 2006 年基本结束。最终建设完成的国际空间站长 110 米，宽 88 米，总质量高达 400 余吨，是人类航天史上史无前例的庞大飞行器，可为 6 至 7 名航天员提供工作、生活所需的环境。国际空间站总体设计采用桁架挂舱式结构，以桁架为基本骨架，增压舱和其他各种服务设施都挂靠在桁架上，整个国际空间站可以看作由两个大型的组合体立体交叉组合而成：一部分以俄罗斯的多功能舱为基础，通过对接舱段及节点舱，与俄罗斯服务舱、实验舱、生命保障舱、美国实验舱、日本实验舱、欧洲航天局的“哥伦布”轨道设施等对接，形成空间站的核心部分；另一部分是桁架上安装的加拿大的遥操作机械臂服务系统和空间站舱外设备，以及在桁架的两端安装四对大型太阳能电池帆板。这两大部分垂直交叉，加强了空间站的结构强度，有利于发挥各分系统和科学实验设备的性能，同时方便航天员出舱进行装配与维修等工作。

国际空间站上的科学实验项目由各个参与国家的航天局合作进行，涵盖了物理学、生物学等多个领域，在这些领域取得了许多重要的成果。

按照设计规划，国际空间站的运行期为 10 到 15 年，原本应该于 2022 年左右退役，不过在 2021 年 12 月 31 日，美国宇航局得到命令延长国际空间站的寿命，直到 2030 年。

前面我们提到过，由于没有收到邀请，中国没能参与到国际空间站项目中，不过这并没有对中国航天科技的发展造成太大的影响，更没有让中国航天人丧失信心，他们坚信中国能建成属于自己的空间站。

中国载人航天领域的“921 工程”中提出的“三步走”发展战略中，第三步就是空间站建设，从而解决有较大规模的、长期有人照料的空间应用问题。

2011 年 9 月 29 日，天宫一号发射升空，“天宫”这个名字充分体现了中国航天人的浪漫，“不知天上宫阙，今夕是何年？我欲乘风归去，又恐琼楼玉宇，高处不胜寒”！

天宫一号是中国发射的第一个“目标飞行器”。所谓目标飞行器，是指其他飞行器会在对接中将其作为“目标”，而要让两个飞行器在茫茫太空中完成对接，必须掌握交会对接技术。

天宫一号

天宫一号全长 10.4 米，舱体最大直径 3.35 米，由实验舱和资源舱两部分组成。实验舱为全密封环境，是航天员工作、训练及生活的场所，包括帮助航天员保持骨骼强健的健身区，同时还设有对接机构，用于与来访的神舟飞船进行对接。资源舱配备了太阳能电池翼和推进装置，负责为天宫一号提供能源供应，并控制飞行姿态。

天宫一号入轨之后，分别与随后发射的神舟八号、神舟九号、神舟十号飞船进行了多次交会对接，试验并多次验证了中国自主研发的交会对接技术，为后续空间站的建设奠定了坚实的基础。

除了进行交会对接实验，天宫一号还进行了航天员空间驻留试验等载人航天关键技术验证，并进行了对地遥感、空间环境和空间物理探测、空间科学、航天医学等方面的实验，获得了大量的实验数据，取得了丰硕的成果。

2013 年 6 月 20 日，航天员王亚平在同事聂海胜、张晓光的协助下，在天宫一号进行了中国首次太空授课，全国 6000 余万中小学生观看授课直播，这次太空授课产生了巨大的社会反响，在一代人心中播下了追逐航天梦想的种子。

按照设计规划，天宫一号的寿命为2年，不过实际运行时间超过了4年，直到2016年3月16日，天宫一号正式终止数据服务，标志着其长达1630天的太空任务走到了终点。2018年4月2日，天宫一号再入大气层，绝大部分器件在再入大气层过程中烧蚀销毁，残骸落在南太平洋中部区域的大海中。

2016年9月15日，天宫二号空间站在酒泉卫星发射中心发射升空，这是中国空间实验室阶段任务的主要飞行器之一，先后与神舟十一号、天舟一号进行对接，承担着验证空间站相关技术的重要使命，是中国第一个真正意义上的太空实验室。经过2年多的在轨运行，天宫二号在2019年7月16日结束了自己的使命，终止数据服务，随后在2019年7月19日受控离轨并再入大气层，落入南太平洋预定海域。

天宫二号

2021年4月29日，“天和”核心舱发射升空，这是“中国天宫空间站”的核心部分，标志着中国自己的空间站建设正式拉开了帷幕。天和核心舱主要用于中国天宫空间站统一控制和管理，具备长期自主飞行能力，可支持航天员长期驻留，开展航天医学、空间科学实验和技术试验，起飞质量达到了 22.5 吨，是中国自主研制的规模最大、系统最复杂的航天器。

2021 年 6 月 17 日，神舟十二号发射升空，随后与天和核心舱成功对接，3 名中国航天员聂海胜、刘伯明、汤洪波成为中国天宫空间站的第一批访客。

2022 年 7 月 24 日，“问天”实验舱发射升空并与天和核心舱成功对接，2022 年 10 月 31 日，中国天宫空间站迎来了“梦天”实验舱这位新成员。天和核心舱、问天实验舱和梦天实验舱组成了“T”字基本构型，标志着中国天宫空间站在轨组装完成。

2022 年 11 月 30 日，神舟十五号搭载的 3 名航天员顺利抵达中国天宫空间站，与神舟十四号航天员乘组实现了中国首次“太空会师”，随后两组航天员进行了交接仪式，并移交了中国天宫空间站的钥匙。这标志着中国天宫空间站正式开启了人员长期驻留的运行模式。

按照规划，中国天宫空间站将成为开展大规模空间科学实验与应用的太空实验基地，在空间生物学、空间材料科学、微重力物理等研究方面进行广泛研究，为培育优良物种、探索疾病机理、研发生物药物、新型清洁能源开发、空间材料加工、先进材料制备等方面提供良好的实验环境，从而推动科学和技术进步。

虽然中国天宫空间站由中国独立建成，但中国航天并不排斥对外合作，恰恰相反，中国在包括航天领域在内的各个领域始终秉持着开放包容的态度。国际合作是航天发展的趋势潮流，在空间站研制建设过程中，中国始终坚持和平利用、平等互利、共同发展的原则，与多个航天机构和国际组织开展了形式多样的交流合作，未来也将与致力和平利用外空的国家、地区和国际组织开展更多、更深入的务实合作，让中国天宫空间站的科学技术成果造福全人类。在中国天宫空间站建设完成后，已有瑞士、波兰、德国、意大利等 17 个国家的科学实验项目确定登上中国空间站开展研究。

星空无限

01 外星人来了

◇

在人类的科幻作品里，外星人是一个永恒的主题，这些来自星空的神秘客人往往拥有远超地球人的科技，带着各种不同的目的造访地球。虽然目前在现实世界中没有发现外星人的踪迹，但我们可以从一些科幻作品里看到未来星空的影子。

在关于外星人的科幻作品中，虽然外星人长得光怪陆离，但基本上可以分为邪恶、善良、中立三大类。

1898 年，英国科幻作家乔治·威尔斯出版了著名的科幻小说《世界大战》，这是最早关于外星人的科幻小说，其中的外星人像是一个个巨大的章鱼或者水母，拥有远超地球人的科技和武器。

《世界大战》的故事发生在 19 世纪末期，某一天，火星人突然从天而降，在伦敦附近着陆，拉开了征服地球的序幕。入侵的火星人乘坐着坚固的机甲，还拥有类似激光的“热光”等先进武器，人类的机枪大炮根本无法抵挡，几十个火星人就把英国军队打得落花流水，整个社会土崩瓦解。就在人类绝望的时候，入侵的火星人却遭遇了灭顶之灾，而它们的克星竟是地球上最卑微、最渺小的生物——细菌。

即使以现代人的角度来看，《世界大战》中的奇思妙想都可以说是惊艳，而这本小说出版的时候，当时的中国还是清朝光绪二十

《世界大战》原版插图

四年。在这个故事里，作者不仅以超前的思想“创造”了外星人、激光和机器人等影响未来科幻的元素，还讽刺了英国等列强通过对弱国进行侵略来实现殖民主义的无耻暴行。

《世界大战》的出现，让人们意识到遥远星空里可能存在的“外星侵略者”，对后世科幻作品的创作产生了巨大影响。1938 年，《世界大战》被改编成广播剧在美国的电台播出，由于故事中对外星人入侵的描写太过逼真，听众以为真有火星人入侵，甚至引起了大规模的恐慌。

早期的科幻作品中，出于人类对未知的本能恐惧，外星人基本上都是邪恶的，长相狰狞怪异，它们来到地球只是为了掠夺地球的资源、消灭地球上的生命。除了《世界大战》中的章鱼外星人，《异形》系列中的异形、《星河战队》中的虫族外星人、《铁血战士》中的铁血战士都是这类外星人的代表。

随着社会的发展和科技的进步，人类对太空的了解越来越多，科幻作品中的外星人形象开始变得丰富，不再是单纯邪恶、破坏的象征，出现了对人类友善的外星人，这些外星人拥有发达的科技和高度的文明，并不愿意与人类发生冲突，甚至在某些时候会对人类伸出援手。斯皮尔伯格执导的经典科幻电影《E. T. 外星人》中的外星人 E. T. 是此类善良外星人的代表。

《E. T. 外星人》讲述的是人类与外星人之间的友谊故事。

《E. T. 外星人》宣传海报

一艘宇宙飞船来到地球采集植物样本，因为被惊扰仓皇离去，却不小心将其中一个小外星人留在了地球上。善良的男孩艾里奥特发现了这个孤独无助的小外星人，偷偷收留了它，给他取名 E. T.，并把它介绍给自己的小伙伴。虽然两者在语言上存在障碍，但真挚的感情让他们紧密地联系在一起，还建立起一种奇妙的心灵感应，E. T. 难过的时候，艾里奥特也会感觉忧郁；E. T. 病了，艾里奥特也跟着不舒服。孤独的 E. T. 和孤独的艾里奥特成了最好的朋友，于是他们都不再孤独。

直到有一天，外界知道了 E. T. 的存在，警察、军队蜂拥而至抓走了 E. T.，他们根本无视此时的它是多么无辜、脆弱和绝望，只想把这个外星人当成千载难逢的珍贵试验品进行研究。

在哥哥和伙伴们的帮助下，艾里奥特历尽千辛万苦，终于救出了被抓走的 E. T.，在他们被追捕的路上，E. T. 展现了不可思议的神奇力量，带着大家摆脱了追捕。一行人来到发现 E. T. 的树林，遇到了来寻找 E. T. 的外星飞船，在夕阳下，艾里奥特和 E. T. 恋恋不舍地告别，飞船升空离开，但他们会永远记住这段短暂却美丽的友谊。

除 E. T. 之外，《超人》里的超人克拉克·肯特也是对地球人友善的外星人，虽然来自遥远的“氪星”，拥有强大的力量，但他由人类抚养长大，性格温柔善良，成为地球的“守护神”。

在人类的幻想中，外星人是强大的、不可捉摸的存在，拥有远超人类的科技和力量，这与传说的“神”在很大程度上相似，所以在很多科幻作品中，外星人都被赋予了一定的“神性”，这些外星人对人类称不上善意或者恶意，就像是人类看待小动物一样，可以被看作“中立”的外星人。有些甚至是人类的创造者，比如在《异形》系列电影中，人类就是被一个名为“工程师”的外星种族创造出来的。

《异形》系列电影前传《普罗米修斯》的故事发生在 21 世纪末，此时人类的科技水平已高度发达，克隆人技术和宇宙航行都已经变成现实。通过考察、对比许多古老文明，科学家伊丽莎白·肖和查理·赫洛维发现，人类可能是来自一个遥远星系的外星人创造的。为了验证这个猜想，他们乘坐维克丝所掌管的宇宙飞船“普罗米修斯号”前往那颗未知的星球。经过对当地的考察，他们的设想成功得到印证，找到了这个名为“工程师”的外星种族，可是他们贸然探查“神的秘密”的行为，也将自己引入万劫不复的深渊，甚至引发了足以令人类灭亡的危机。

在洛夫克拉夫特创作的“克苏鲁”系列小说中，神明都来自遥远的星空，其实也可以看作某种强大的“外星人”，它们拥有庞大的力量，一举一动都会对人类产生巨大影响，它们对人类并没有什么好感或者恶念，而是更接近“漠不关心”，对待人类的态度“就像是一个人在看着一群有趣的蚂蚁”。

虽然许多人都声称自己目击过外星人，但直到目前为止，仍然没有关于外星人存在的可信证据，不过这并不妨碍外星人出现在我们的幻想世界里。

随着我们人类航天技术的继续发展，终有一天，我们的飞船将飞出太阳系，抵达那片遥远而未知的星域，如果那里有原住民的话，他们大概也会将我们称为“外星人”吧！

02 当个外星人

◇ ……………

当我们地球人穿过漫漫星海，降临到其他的星球上，我们就成了当地原住民眼里的“外星人”。它们会怎么对待我们这些外星人呢？它们会热情的欢迎，还是冷漠的驱逐？人类又会怎样对待这些原住民？

在詹姆斯·卡梅隆执导的影片《阿凡达》里，我们就可以随着电影的视角了解人类在外星的遭遇。

《阿凡达》的故事发生在2154年，此时的人类已经能够进行星际旅行，并且找到了一个名为“潘多拉”的星球，这个星球上除了拥有与地球类似的环境、丰富的资源、珍贵的特殊矿物，还有名为“纳美人”的原住民。

为了与原住民顺利交流，顺利取得资源，人类开始进行“阿凡达计划”，也就是通过混合人类和纳美人的基因培养出介于两者之间的躯壳，并将其命名为“阿凡达”。阿凡达由人类用思维操纵，可以在潘多拉星球上自由活动。人类通过阿凡达与当地的纳美人进行交流，两者建立了脆弱的联系。

受伤后以轮椅代步的前海军陆战队员杰克接受政府招募，穿越无数光年来到美丽的潘多拉星球，作为自己死去双胞胎哥哥的替代者成了阿凡达的控制者。意识进入阿凡达后，原本残疾的杰克能够行走自如，这让他狂喜不已。由于前军人和阿凡达操纵者的双重身份，杰克被赋予了渗入纳美人族群的任务。在他寻找纳美人部落的过程中，一名美丽的女性纳美人涅提妮意外地救了杰克的命，也让一切为之改变。在涅提妮的指引下，杰克不断学习，在经历了无数的考验与冒险之后，逐渐融入纳美人中，他也通过这样的旅程找回了自己。

然而人类与纳美人的矛盾最终是无法调和的，杰克夹在两者之间，被迫面对人生最终极的考验。最终他选择了率领纳美人向人类宣战，经过一场激烈的战争之后，人类被迫撤离，而杰克则通过纳美人的神秘仪式将意识转移到阿凡达体内。

从阿凡达的故事里其实很容易看到当年欧洲国家“开发新大陆”或者美国“西进运动”的影子，同样是外来者与原住民的激烈冲突，同样是“先进”与“落后”文明的剧烈碰撞，只不过印第安人并没有纳美人的好运，最终成为“文明”的牺牲品。

在很多科幻作品里，未来的人类已经抵达了整个银河系，在许多星球进行殖民，建立了庞大的国家——通常是帝国或者共和国，就像是地球历史上的罗马一样。此时的人类和各种外星人互相交流，自身也成为“外星人”中的一员。

关于这个“人类帝国”的兴衰，不同的科幻作品中展现了不一样的未来。

在美国科幻系列作品《星际旅行》中，我们看到了一个充满乐观的未来世界。《星际旅行》由美国派拉蒙影视制作，由 9 部电视剧、3 部动画片、13 部电影组成，该系列最初由编剧吉恩 · 罗登贝瑞于 20 世纪 60 年代提出，经过近 50 年的不断发展而逐步完善，《星际旅行》已经成为全世界最著名的科幻影视系列之一。

在这个世界中，人类和众多外星种族共同建立起一个星际联邦，所有人类和外星人合作无间，共同战胜疾病、种族差异、贫穷、偏执与战争等危难，一代又一代的舰长把目光投向更遥远的宇宙，探索银河系，寻找新的世界，发现新的文明，勇敢地前往前人未至之地。

《星际旅行》中的宇宙飞船

《星际旅行》系列拥有精密的世界观，具有大量的硬科幻元素，充满了各类天马行空的想象，虽然讲的是未来宇宙和外星人的故事，却蕴含无微不至的人文主义情怀，这些特质使其成为最受欢迎的科幻作品之一。

《星球大战》同样是影响力巨大的系列科幻作品，一系列的科幻电影由美国导演乔治·卢卡斯制作拍摄。《星球大战》从诞生至今的 40 多年中，除了电影之外还诞生了各种出版物、动画、电视剧、电子游戏，变成了一个不断完善和丰富的庞大宇宙，这个虚拟宇宙中的一切细节都可追根溯源，能找到它在星球大战史中的坐标。和《星际旅行》充满乐观的未来世界不同，《星球大战》中描述的未来世界要晦暗许多。

在《星球大战》的故事里，人类曾经在银河系里建立了庞大的共和国，但是好景不长，在野心家的推动下，银河共和国爆发了内乱，最终轰然倒塌，邪恶而集权的银河帝国趁机取而代之，还建立了名为“死星”的超级武器，凭借强大的武力在银河系内推行残暴的统治。追求自由和民主的反抗军同盟在“杰迪武士”的支持下，历尽千辛万苦，终于推翻了银河帝国的残暴统治，然而银河系中的黑暗并没有散去。

《星球大战》的故事发生在广袤无垠的宇宙，这里有无数神奇的外星种族，而人类也是他们中的一员，在这里，人类和外星人之间其实并没有太多的区别，他们共享着同样的悲欢离合、爱恨情仇。

大概是受到各自历史的不同影响，相比于西方科幻作品里常见的星际殖民，中国科幻作品里并没有太多星际殖民的情节，反而透露出更多中国人特有的人文元素。

在刘慈欣创作的《流浪地球》中，人类发现太阳将在数百年后爆发“氦闪”，为了能够躲避这场灭顶之灾，人类决定给地球装上发动机，带着地球前往其他星系。这是一次真正的“背井离乡”之旅，整个地球化作了人类的“方舟”，承载着人类的希望和未来。

为了这次流浪之旅，人类付出了高昂的代价，艺术、伦理、常识……我们熟知的东西一个接一个地从人性中消失，逝去的生命更是多如繁星，剩下的只有对生存的强烈渴望。在路途中，疑惑和猜忌一度在人类当中引发了叛乱之火，然而太阳最后的灭亡瞬间平息了一切。地球和上面的人类继续在无穷无尽的宇宙中流浪着，等待着光明的再次降临。

当地球抵达新的星系之后，人类大概还会称呼自己是“地球人”吧？

03 去星辰大海

◇ ……………………

地球是我们所有人类共同的摇篮，在满天繁星中，这里是目前已知的唯一一颗有生命存在的星球。

早在35亿年前，地球上就已经出现了最初的生命，经过漫长的演化之后，形成了现在看到的这个纷繁复杂又生机勃勃的地球生物圈，也就是我们常说的“生态系统”。在这个生态系统之中，气候环境、自然环境和生物一起相互作用，共同维持着地球上的生态平衡和稳定。

我们人类同样是地球生态系统的一分子，我们的身体构造、思维模式甚至社会架构，全都是为了适应在生物圈中的生存而存在的。

那么，在我们有一天离开地球前往其他星球的时候，应该怎么去面对那个与地球迥然不同的陌生环境？科学家一直在寻求这个问题的答案。

其中一个可行的方案就是建立一个能够自我内部循环的小型“生物圈”，用来模拟地球环境，从而保证内部具有能够满足人类生存的条件。这样的做法有很多好处：首先是可操作性强、建设时间短，性价比高，只要依托降落在星球上的飞船，利用飞船上的设备和技术，可以相对容易地搭建起这个生态圈，为人类在当地提供一个落脚点和前进基地；其次是适应性强，因为这种生态圈完全封闭，只需要阳光提供能量，而不需要由外界提供物资，所以可以建立在各种极端环境的荒芜星球上，只要做好足够的防护，外界的高温、低温、辐射、毒气等恶劣条件都不会影响到“生物圈”内部的生活。

为了论证这个“生物圈”的可行性，科学家在地球上进行了许多次模拟实验，以便更好地了解人类来到其他星球之后，应该如何采用自给自足的方式生存下去，从而为日后探索其他星球积累经验。

从20世纪80年代开始，美国历时8年花费1.5亿美元，在亚利桑那州图森市以北沙漠中打造了一个完全封闭的实验基地，被称为“模拟地球”。这是一座完全密封的房子，占地超过12000平方米，容积达141600立方米，用于进行封闭“生物圈”的相关实验。

亚利桑那州

在这个封闭的人造世界里，科学家分别模拟了雨林环境、草原环境、沼泽地环境等，甚至还包括一片模拟的海洋。实验创造了一个完全与世隔绝的环境，除了太阳光之外，其他的一切都需要自给自足，包括液态水、氧气等都在内部进行循环。温室中种植、放养了4000种不同的动物、植物，在面积约2020平方米的农场土地上种植着各种农作物，还有可以作为食物的家禽、家畜。温室中的其他植物有助于净化室内的空气，它们吸收二氧化碳，提供氧气和干净的水。

1991 年，“模拟地球”落成之后不久，“生物圈 2 号”的第一次实验就开始了，4 名男性和 4 名女性组成的志愿者团队进入其中，从此开始了与世隔绝的生活，日常一切所需都要自给自足。

按照计划，这个实验需要持续两年，在这两年时间里，整个“生物圈 2 号”的大门将处于完全密封状态，这 8 名志愿者除了在极其紧急的情况下可以向外界求援之外，其余时间都被严格禁止和外界沟通。

生物圈 2 号

不过，实验开始后不久，问题就接连出现。这 8 名志愿者并没有接受足够的训练，对饮用水和食物的生产操作都比较生疏，这导致实验刚开始不久就有一名女性志愿者受了伤，在外界观察的科学家不得不开启大门对她进行紧急抢救。这件事让其余 7 名志愿者意识到了问题的严重性，其中一些人开始怀疑自己是不是真的可以在这里生存两年的时间。

实验进行到几个月时，因为缺少天敌，害虫开始在“生物圈 2 号”内部迅速繁殖，导致植物出现了大批死亡，而没有足够的植物进行光合作用，结果就是空气中的氧气越来越少，二氧化碳越来越多。到1993年初，“生物圈2号”中的氧气已经降低到了危及志愿者生命的水平，为了安全起见，科学家决定向“生物圈2号”注入氧气。事实上，这是一种“作弊”行为，因为如果是在没有氧气的星球上，比如火星，一旦出现大规模氧气短缺的情况，很可能就意味着死路一条。

1993年，8名志愿者在“生物圈2号”里度过了两年，第一次实验结束。虽然危机重重，但从整体上来说，还算成功，积累了许多宝贵的经验，不过外界有人一直质疑这个实验，认为是在拿生命开玩笑。

1994年，科学家又在这里开始了“生物圈2号”的第二次实验。这次实验原本也计划持续两年，然而仅进行了7个月就事故频出，甚至有2名志愿者想要逃离，为了安全起见，科学家不得不提前结束实验。从此以后，这座造价昂贵的实验基地就被彻底放弃了，再也没有进行过类似的实验。

这两次实验中，志愿者的感觉并不好，在实验结束之后接受采访时，志愿者普遍后悔参加了实验，并且对实验的意义以及人类移民太空的前景存在质疑。

北京航天城

中国也做过类似的实验，不过时间要短得多。2012 年，在北京航天城进行了首次受控生态生保系统密封舱实验，这次实验持续了 30 天，主要用于验证大气、水和食物的循环利用，为未来的载人深空探测和地外星球定居做准备。在这次实验中，2 名航天员生活在 54 平方米的密封舱内，除了 18 平方米的乘员舱，还有 36 平方米的植物培养舱，种植了生菜、油麦菜、紫背天葵和苦菊 4 种蔬菜。在数盏 LED 灯光的照射下，这些植物通过光合作用，净化舱内乘员呼出的二氧化碳，使舱室内的氧气和二氧化碳保持动态平衡。根据实验统计，在本次实验中 100%的氧气、85%的水和 15%的食物实现了循环利用，13.5 平方米的绿植种植面积就可以提供一个航天员日常生活所需的氧气，这个实验结果对未来的人造生物圈建设具有重要意义。

相对于地球这种大型的生物圈，小型的人造生物圈要脆弱得多，长时间运行很容易因为出现种种失误陷入恶性循环，最终走向崩溃。既然这样，我们能不能建立像地球这样的大型生物圈呢？

在《流浪地球》的故事中，人类带着地球在太空中流浪，前往其他的恒星，为的就是能够保存地球的生态系统，然而事实上，经过星系之间接近绝对零度的极寒环境洗礼，地球原本的生态圈早已被破坏殆尽，即使抵达新的恒星，进入了适宜的轨道，拥有地球生物的种子和基因数据，想要重建地球生态圈也是一个极为漫长且艰辛的过程，而且重建后的地球生态圈也不会再是之前的样子了。

想要在其他星球上建设类似地球的大型生物圈，首先就需要目标星球具有类似地球的环境，比如适宜的温度、广泛存在的水、能够遮挡紫外线的大气层等，这都是必要条件。

能够拥有这样环境的星球少之又少，目前人类所知的只有地球一个，即使是地球，在其诞生之后的数十亿年里也并不是现在这个样子。

在地球诞生的早期，大气中充满了二氧化碳，几乎没有氧气存在，直到蓝藻菌出现之后，在它们大规模的光合作用下，大气中的二氧化碳含量逐渐下降，氧气含量逐渐上升，这个过程持续了数十亿年，地球的大气层才变成了现在这个样子，又经过数亿年的演化，才形成了地球这样生机勃勃的生态系统。

对于像月球这样体积较小的星球来说，因为质量较小，根本无法保持大气层的存在，所以也就没有进行改造的价值。

火星

相对而言，火星是一个合适的改造目标。火星质量约为地球的14%，是太阳系里与地球环境最接近的行星，这里有稀薄的大气和充足的水资源，每天的时长为24小时37分42秒，与地球的一天相近，还有与地球类似的一年四季。不过即便如此，对其环境进行整体改造对现在的人类来说也是一项不可能完成的工程，目前人类关于火星的短期规划还只是实现载人往返，中长期规划也只是在火星上建立永久性的基地。至于改造火星环境的想法，目前只在科幻作品里出现过，比如日本动漫作品《火星异种》中，人类就将火星改造成了适宜人类生存的星球，同时出现的还有高度进化的类人蟑螂，也就是所谓的“火星异种”。

从目前来看，我们人类还没有足够的能力去实现这样堪称天地造化、鬼斧神工的生态演化，动辄以“亿年”为单位的时间更是足以令人绝望，但随着科技的不断进步，在未来我们人类一定能实现“改造星球环境”这样的惊天伟业，让来自地球的生命在宇宙的其他星球上生根发芽。

除了改造星球的环境，人类想要适应外星的环境还有一种途径，那就是改变自己，也就是通过生化改造、基因改造或者机械改造等手段改造自己的身体，让人类能够在外星恶劣的环境下生存。

在著名科幻游戏《战锤40K：星际战士》的世界里，人类最强大的武器——“星际战士”就是由人类经过复杂的生化手术蜕变而成的。经过19次手术的漫长改造程序后，星际战士获得了远超人类的视力、听力和力量，还具有了在极端恶劣环境下生存的能力和令人惊叹的战斗能力，成为人类帝国与外星种族战斗中的“尖刀”。

同样是在《战锤40K：星际战士》的世界里，还有另外一种人体改造方式，那就是用机械装置替换人体器官，“机械神教”精通这种改造方式，在他们看来，人类原本的血肉之躯实在太过脆弱，唯有化身机械才是“飞升”之路。

目前，我们人类的科技还远做不到对人类进行基因、生化或者机械改造，即使未来能够做到，也会面临一系列复杂而尖锐的伦理问题。经过改造之后的人类，还能够算是真正的人类吗？针对这个问题，大概会有很多不同的答案，也值得我们去不断思考。

我们常说，地球是人类的“摇篮”，但就像是婴儿不能一直生活在摇篮中一样，人类也不会一直局限在地球上。

从长远来看，随着太阳系的演化，太阳的体积不断膨胀，地球将会变得越来越热，就像是今天的水星、金星一样，变得不再适宜生命存在。当然，这会是一个漫长的过程，可能需要数亿年甚至数十亿年，但是这一天终将到来，如果人类将自己局限在地球上，将来大概也会和地球一起走向毁灭。

回望过去，人类的脚印已经印在了月球的土地上，放眼未来，我们的足迹终有一天将会遍布太阳系的每一个角落，然后开启前往其他星系的征程，这是人类的荣耀，也是人类的未来。

“宇宙，人类最后的边疆。这是星舰‘进取号’的旅行，它所执行的5年任务，是为了探索陌生的新世界，寻找新的生命及新的文明，勇敢地航向人类前所未至的宇宙洪荒。”这是曾经红极一时的电视剧《星际旅行》中的一段非常有名的旁白，也是科幻作家眼中的未来。正如我们的祖先在划定“分野”的时候所阐述的那样，星空，是我们的发源地，也是我们未来与永恒的归宿。终有一天，人类将离开地球这个摇篮，向广袤的宇宙空间进发。而引领我们奔赴太空、奔赴未来的，就是航天技术。等到人类飞出太阳系，探索开拓宇宙，并向其他行星移民的时候，航天技术距离我们将不再遥远，而是成为我们日常生活中的一个组成部分，平平常常又不可或缺。到那时，我们再回望过去、回望现在，会发现正是航天技术指引和伴随着我们，书写了人类最为辉煌的一篇传奇。

宇宙，人类最后的边疆